高等院校艺术设计类专业
案例式规划教材

家具设计

■ 主 编 杨 清 胡德强 李祖鹏
■ 副主编 李 群

华中科技大学出版社
http://www.hustp.com

内容提要

本书从家具设计的概念入手，遵循预先学习家具设计基本知识、各国家具发展的历史，其后掌握家具造型设计与色彩表达等知识的顺序，以循序渐进的方式向读者展开全书内容，让读者对家具设计有全新的认识。全书分为 6 章，理论知识丰富，内含大量优秀的家具设计案例。此外，还另设"小贴士"部分，补充学习要点，适合普通高等院校艺术设计专业教学使用，同时也是家具设计及制造人员的必备参考读物。

图书在版编目（CIP）数据

家具设计 / 杨清，胡德强，李祖鹏主编 .—武汉：华中科技大学出版社，2017.9
高等院校艺术设计类专业案例式规划教材
ISBN 978-7-5680-2755-7

Ⅰ. ①家… Ⅱ. ①杨… ②胡… ③李… Ⅲ. ①家具 - 设计 - 高等学校 - 教材 Ⅳ. ① TS664.01

中国版本图书馆 CIP 数据核字（2017）第 081362 号

家具设计
Jia ju She ji

杨 清　胡德强　李祖鹏　主编

策划编辑：金　紫
责任编辑：范　烨
封面设计：原色设计
责任校对：张会军
责任监印：朱　玢
出版发行：华中科技大学出版社（中国 · 武汉）　电话：（027）81321913
武汉市东湖新技术开发区华工科技园　邮编：430223
录　　排：武汉楚海文化传播有限公司
印　　刷：湖北新华印务有限公司
开　　本：880mm × 1194mm　1/16
印　　张：7.5
字　　数：157 千字
版　　次：2017 年 9 月第 1 版第 1 次印刷
定　　价：46.80 元

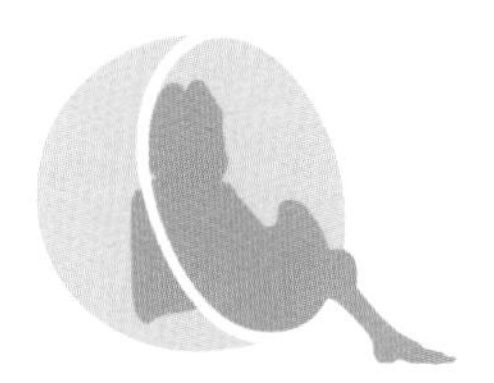

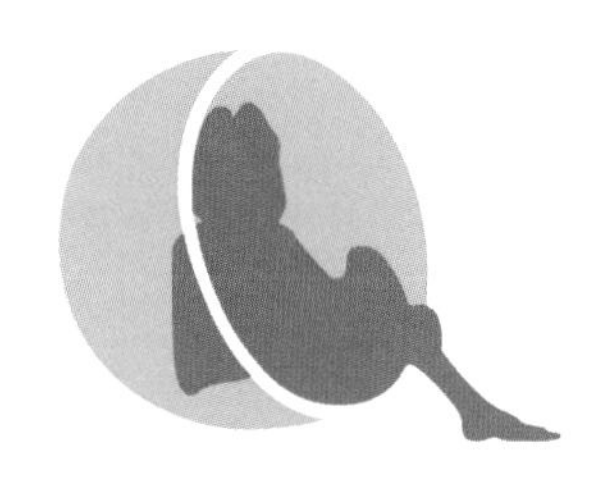

前言

Preface

家具设计历史悠久，源远流长。随着世界设计潮的发展，家具已经不再是空间的点缀，好的家具设计不仅能给人们带来使用的舒适性和精神的愉悦感，更能渲染室内环境，提升建筑空间品质，起到画龙点睛的作用。随着社会的进步与发展，国际交流与合作日益频繁，我国慢慢地变成了一个“家具大国”，家具设计这类图书也需要不断推陈出新。而本书将对家具产品设计提出更新颖、更实用、更具创造性和艺术性的方案。

本书不仅讲解理论知识，而且对家具设计的实际案例进行了分析，既有理论指导性，又有设计的针对性，遵循预先学习家具设计基本知识、所需材料，其后掌握家具施工构造的原则，以循序渐进的方式向读者展示全书内容，重在求新、求精、求全，具有很强的实用性。本书适合普通高等院校艺术设计专业教学使用，同时也是家具设计及制造人员的必备参考读物。

本书由杨清、胡德强、李祖鹏担任主编，珠海艺术职业学院李群担任副主编。具体的编写分工为：第一章、第二章由杨清编写；第三章到第四章第二节由胡德强编写；第四章第三节到第五章由李祖鹏编写；第六章由李群编写。本书在编写时得到了邱丽莎、仇梦蝶、权春艳、桑永亮、施琦、施艳萍、孙莎莎、孙双燕、孙未靖、孙春燕、苏娜、唐茜、唐云、田蜜、凃康玮、凃昭伟、王欣的帮助，在此表示感谢。

编者

2017 年 2 月

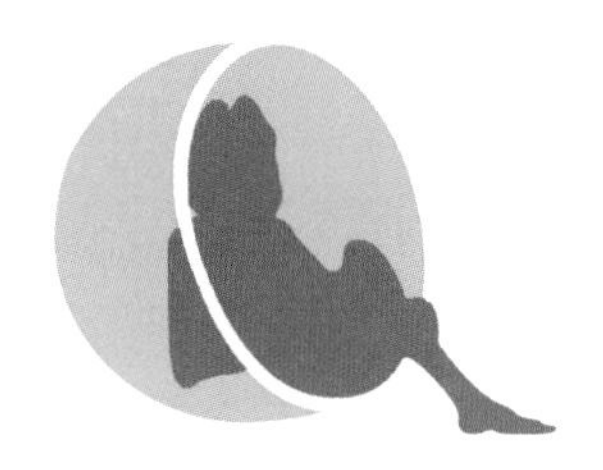

目录

Contents

第一章
家具的基本知识

学习难度：★★☆☆☆

重点概念：家具概念　构成要素　家具种类　家具设计意义

章节导读

家具是改善人居环境和提升生活质量的重要条件和手段，家具产业是永不落幕的朝阳产业，是国民经济新的增长点。家具可以传播时尚，活跃市场，促进消费。从事家具设计要了解家具的概念，理解家具的意义并有高度的社会责任感，全身心投入才能取得新的成就，设计一把椅子和设计一辆车具有同样的意义。

第一节 家具概述

一、家具与家具设计的定义

家具是为了满足人们一定的物质需求和使用目的而设计与制作的（图 1-1）。**广义的家具是指人类维持正常生活、从事生产实践和开展社会活动必不可少的一类器具；狭义的家具是指在生活、工作或社会实践中供人们坐、卧或支撑与贮存物品的一类器具**。家具由材料、结构、外观形式和功能四种要素组成，其中功能是先导，是推动家具发展的动力；结构是主干，是实现功能的基础，这四种因素互相联系，又互相制约。

家具设计是用图形或模型以及文字说明等方法表达家具的造型、功能、尺度与尺寸、色彩、材料和结构（图 1-2）。家具设计既是一门艺术，又是一门应用科学。

家具不仅是一种简单的功能物质产品，而且是一种广为普及的大众艺术，它既要满足某些特定的用途，又要满足人们的审美情趣。

图 1-1　家具的用途

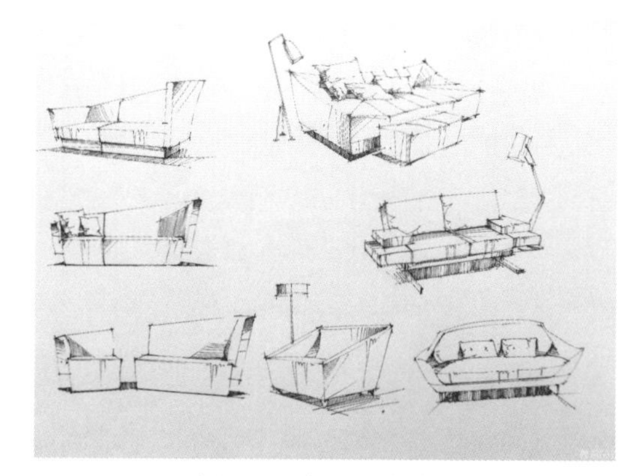
图 1-2　家具设计手绘

它主要包括造型设计、结构设计及工艺设计 3 个方面。

二、家具构成要素

1. 材料

家具是由各种材料经过一系列的技术加工而成的，材料是构成家具的物质基础。所以家具设计除了使用功能、美观及工艺的基本要求之外，与材料亦有着密切联系。为此，要求设计人员务必注意以下几点：

（1）熟悉原材料的种类、性能、规格及来源；

（2）根据现有的材料设计出优秀的产品，做到物尽其用；

（3）善于利用各种新材料，以提高产品的质量，增加产品的美观性，降低产品的成本。

在家具的发展史上，家具材料可以反映出当时的生产力发展水平。除了常用的木材、金属、塑料外，还有藤、竹、玻璃、橡胶、织物、装饰板、皮革、海绵等（图 1-3）。

并非任何材料都可以应用于家具生产中，家具材料的应用应该考虑到加工工艺性，质地和外观质量，经济性，强度和表面装饰性能五个因素。

2. 结构

结构是指家具所使用的材料和构件之间的一定组合与连接方式，它是依据一定的使用功能而组成的一种结构系统。它包括家具的内在结构和外在结构，内在结构是指家具零部件间的某种结合方式，它取决于材料的变化和科学技术的发展，如金属家具、塑料家具、藤家具、木家具等都有各自的结构特点。

家具的外在结构直接与使用者相接触，它是外观造型的直接反映，因此在尺度、比例和形状上都必须与使用者相适应。

图 1-3　皮革材料

例如座面的高度、深度、后背倾角恰当的椅子可解除人的疲劳感；而贮存类家具在方便使用者存取物品的前提下，要与所存放物品的尺度相适应等（图 1–4）。按这种要求设计的外在结构，也为家具的审美要求奠定了基础。

图 1–4　衣柜高度

3. 外观形式

家具的外观形式会直接展现在使用者面前，它是功能和结构的直观表现。家具的外观形式依附于其结构。但是外观形式和结构之间并不存在对应的关系，不同的外观形式可以采用同一种结构来表现。外观形式存在着较大的自由度，空间的组合上具有相当的选择性，如梳妆台的基本结构都相同，但其外观形式却千姿百态（图 1–5、图 1–6）。

4. 功能

任何一件家具都是为了一定的功能目的而设计制作的，因此，功能构成了家具的中心环节，是推动家具发展的动力。在进行家具设计时，首先应从功能的角度出发，对设计对象进行分析，由此来决定材料结构和外观形式。**一般而言，可把家具产品的功能分为四个方面，即技术功能、经济功能、使用功能与审美功能**。随着经济的发展，家具开始具有保值和增值功能，比如欧式家具中的老柚木家具和中式家具中的老红木家具（图 1–7、图 1–8）。

家具的外观形式作为功能的外在表现，具有认识功能，因此，具有信息传达和符号意义；还能发挥其审美功能，能给人以美的享受。

图 1–5　梳妆台(一)

图 1–6　梳妆台(二)

图 1-7　柚木家具

图 1-8　红木家具

第二节
家具的种类

一、实木家具

实木家具是指由天然木材制成的家具，这样的家具表面一般都能看到木材美丽的花纹，家具制造者对于实木家具一般采用涂饰清漆或亚光漆等手法来保留木材的天然色泽。

实木家具有两种形式，一种是纯实木家具。即家具的所有用材都是实木，包括桌面、衣柜的门板、侧板等均用纯实木制成（图 1-9、图 1-10），不使用其他任何形式的人造板。纯实木家具对工艺及材质要求很高。实木的选材、烘干、指接、拼缝等要求都很严格。如果哪一道工序把关不严，小则出现开裂、结合处松动等现象，大则整套家具变形，以致无法使用。

另一种是仿实木家具。所谓仿实木家具，即从外观上看是实木家具，木材的自然纹理、手感及色泽都和实木家具一模一样，但实际上是实木和人造板混用的家具，即侧板顶、底、搁板等部件用薄木贴面的刨花板或中密度板纤维板，门和抽屉则采用实木。这种工艺节约了木材，也降低了成本，一套普通实木家具价格应在 1.6 万元左右，而全实木家具至少要 3 万元。

图 1-9　实木家具桌面

图 1-10　实木家具衣柜门板

二、红木家具

红木家具也是实木家具的一种，但红木家具在家具业内是一种单独风格的家具系列，不同于其他实木家具。按照国家技术监督局的有关规定，所谓**红木家具是指用紫檀木、瘿木、酸枝木、花梨木等木材制成的家具**（图 1–11 ～图 1–14），**除此之外的木材制作的家具都不能称为红木家具**。

图 1–11 紫檀木首饰盒

紫檀木是红木中的极品，其木质坚硬，色泽紫黑、凝重，手感沉重，年轮呈纹丝状，纹理纤细，有不规则蟹爪纹。紫檀木又分老紫檀木和新紫檀木。老紫檀木呈紫黑色，浸水不掉色，新紫檀木呈褐红色、暗红色或深紫色，浸水会掉色。瘿木是树木形成瘿瘤后的木材，瘿木的纹理曲线错落，美观别致，是最好的装饰材料，在家具上大多用作包、镶表面的材料，民间有“红台子瘿木面”的说法。花梨木又称香红木，其木质坚硬，色呈赤黄或红紫，纹理呈雨线状，色泽柔和，重量较轻，能浮于水中，形似木筋。酸枝木俗称老红木，木质坚硬沉重，经久耐用，能沉于水中，结构细密且呈柠檬红色、深紫红色、紫黑色条纹，加工时散发出一种带有酸味的辛香，由此得名。

图 1–12 瘿木柜子

图 1–13 花梨木八仙桌

图 1–14 酸枝木长椅

小贴士

传统红木家具的市场状况

传统红木家具市场日渐萎缩，而用普通木材来制作传统实木家具，又没有太大的意义。目前市场上的红木家具以花梨木居多。鸡翅木木质坚硬，颜色分为黑、白、紫3种，形似鸡翅羽毛状，色彩艳丽明快，但因木内含有细微沙砾等杂质，难以加工，宜做装饰边角材料，市场上很难见到成套的鸡翅木家具。例如被列入国家红木标准的贵重热带硬木只有紫檀、黄花梨、乌木、酸枝、鸡翅木、香枝木等，而这些名贵木材有些早已没有自然出产，其他的产量也很小。顾客除了要面对高昂的市价，还必须随时提防充斥市场的假冒伪劣产品。

三、软体家具

1. 沙发

（1）日式沙发

日式沙发最大的特点是成栅栏状的小扶手和矮小的设计（图1-15），这样的沙发适合崇尚自然而朴素的居家风格的人士。小巧的日式沙发，透露着严谨的生活态度，适用于一些腿脚不便、起坐困难的老人。

图1-15　日式沙发

（2）中式沙发

中式沙发的特点是其整个裸露的实木框架（图1-16），上置的海绵椅垫可以根据需要撤换。这种灵活的使用方式使中式沙发广受喜爱。它冬暖夏凉，方便实用。

图1-16　中式沙发

（3）美式沙发

美式沙发最大的魅力是松软舒适，让人在使用时犹如被温柔地环抱住一般（图1-17）。美式沙发座多采用弹簧加海绵的设计，十分结实、耐用。美式沙发适用于20平方米以上的客厅。

图1-17　美式沙发

（4）欧式沙发

现代风格的欧式沙发大多色彩清雅、线条简洁，适合一般家庭选用（图1-18）。这种沙发适用的范围也很广，置于各种风格的居室感觉都不错。近年较流行的是浅色的沙发，如白色、米色等。欧式沙发根据用料不同又分为布艺沙发、皮沙发等。

图1-18 欧式沙发

2. 床

床由床组和床垫组成，注重舒适性和实用性。主要材料是弹簧、海绵和外包面料。

图1-19 板式家具

四、板式家具

板式家具是指以人造板为主要基材、以板件为基本结构的拆装组合式家具（图1-19）。常见的人造板材有胶合板、细木工板、刨花板、中纤板等。胶合板常用于制作需要弯曲变形的家具；细木工板性能易受板芯材质影响；刨花板材质疏松，仅用于低档家具。板式家具常见的饰面材料有薄木、木纹纸（俗称贴纸）、PVC板、聚酯漆面（俗称烤漆）等。后三种饰面通常用于中低档家具，而天然木皮饰面用于高档产品。

图1-20 复古藤制家具

板式家具中有很大一部分是木纹仿真家具，目前市场上出售的一些板式家具的贴面越来越逼真，光泽度、手感等都不错，而工艺精细的产品价格也很昂贵。

图1-21 藤制沙发

五、藤制家具

设计师们将藤制品细化成卧房、客厅、庭园三大系列（图1-20～图1-23），既有粗犷豪华的欧美风格、精致细巧的东南亚风格，也有古朴典雅的传统中式风格。除了它的实用性，设计师更多强调的是它的艺术性，成为了名副其实的时尚家具。

图 1-22　吊篮

图 1-23　户外藤制家具

目前市面上的藤艺家具分为以下几类。①室外家具，如花园、游廊边摆设的小圆桌、靠背椅、躺椅等，还有充满休闲情调的摇摆型沙发扶手椅，乐趣多多。②客厅家具是藤艺家具中最为完美、最具风格的，一套用红藤芯编成的客厅家具，细腻、流畅，造型和色彩上力求古朴，尽显工艺美。③餐厅家具则特别讲究构造与色彩的搭配，充分体现其华贵、优雅的艺术特征。五件套和七件套的粗藤制的椅、桌造型新颖，富有时代气息。④藤艺小摆件也是千姿百态。藤艺台灯造型别致，光线柔和，温馨典雅。藤艺吊灯简洁而不单调，与现代装潢追求自然的风格协调统一。

小/贴/士

藤制家具的特点

在现代的家庭中偶尔陈设几件藤制家具，美观大方又具传统特色，在时尚中透出几分朴素，体现了主人的格调和品位。在颜色方面，现代藤艺家具的色彩具有诗情画意，银灰色的宁静、古铜色的浪漫、红棕色的沉着、墨绿色的神秘，晶莹透亮，光滑圆润。除此之外，更多的藤艺家具被漆以透明色，保持了藤材本身特有的风格，透露出自然与纯朴，让厌倦了都市繁华与喧闹的人们得到了慰藉。

第三节
家具存在的意义

一、家具存在的哲学意义

家具，无一例外都是存在主义家具，它是人的存在最基本的形式之一。正是因为家具的创造和使用，使人拥有了体面与尊严。很难想象，在当今社会中没有家具的衣、食、住、行将使人处于怎样一种尴尬的状态，所以说家具诠释了“人类文化的生存，动物本能的生存”这一至理名言。

二、家具存在的功能意义

家具帮助人们实现衣、食、住、行活动中坐、卧、休闲和作业的基本功能，同时实现物品的收纳和展示等基本功能。人类正是通过家具来消化和享用建筑室内空间，家具成为人类消费和享用空间的必要条件和手段。家具还可以成为社会地位与身份的象征。与此同时，建筑还依托家具形成特定的室内氛围，对特定的人群产生共鸣，引起人们的关注和热爱。

三、家具存在的文化意义

家具反映了不同时期人类的审美观念和审美情趣。中国明式家具的典雅、美国殖民地式家具的粗犷、北欧现代家具的简洁、意大利现代家具的时尚、非洲土著部落家具的原始野趣都充分反映了各自不同的追求。**家具也承载了不同的风俗习惯和宗教信仰**。如西藏家具忠实地记录着宗教故事和历史传说的彩绘图案，欧洲中世纪家具反映政教合一，硕大而威严。家具形态和装饰上的表现是最好的例证（图1-24、图1-25）。

家具造型在一定程度上也显现了伦理观念和道德风尚。在中国的传统家具中，使用普遍的八仙桌的尊、卑、长、幼座序，太师椅的正襟危坐等，从不同方面规范了人们的举止礼仪。现代绿色家具中的环保意识和生态伦理则对新世纪的家具伦理提出了新的要求。

四、家具存在的美学意义

1. 家具美是实用性与审美性的统一

家具美属于生活美，首先要满足直

图1-24　北欧现代家具

图1-25　日本和式家具

接功能，适应生存环境的需求。离开了具体的功能，家具就失去了最基本的价值，没有任何用途的家具不可能是美的家具。因此**家具设计美是使用价值与审美价值的统一，是实用性与审美性的统一**（图1-26）。

2. 家具美是艺术性与技术性的统一

家具的功能性决定了家具的艺术与技术构成。家具由不同的材料通过一定的结构和构造而实现，而工艺、技艺、技能是决定的条件，同时家具的造型又要根据美的造型规律，由不同的形态、色彩、肌理和特色装饰予以实现，因此**家具既包含艺术的要素，又具有技术、技能、技艺的要素，家具美是艺术性与技术性的统一**。

3. 家具美是传统性和时尚性的统一

家具经历了数千年的发展，在不同的民族和地区，在不同的历史发展时期，形成了丰富多样而又各具特色的传统风格家具。工业革命以后，在探索各种现代设计思想的过程中，又产生了许多美轮美奂的现代风格家具。

传统家具与现代家具相互交汇与促进。特别是20世纪60年代以来，家具个性化的需求和多样化的时尚设计，又使得家具与时尚密切关联。因此**家具是传统性与时尚性的统一，是传统的时尚化，传统的现代化**。新中式家具的提出与开发是传统时尚化的具体表现（图1-27）。

五、家具存在的社会意义

家具是改善人居环境、提升生活质量的重要手段。在当今中国建设小康社会的进程中，家具是不可或缺的重要手段。小康标准的民居要有小康的家具配套；豪宅要有品牌家具和个性化设计相匹配；现代办公室要有办公家具相适应；大型公共空间要有相应的公共家具来实现其功能与价值（图1-28、图1-29）。

由于家具长期存在于人们的生存空间中，风格形态、装饰特色、历史印记，无不潜移默化地影响着人们的情绪，它给人以关爱，给人以启迪。**它以物质文明的形态规范着人们的文明生活方式，并以此影响人们的精神生活，强化人民大众的审美意识，从而促进精神文明的建设**。

图1-26　实用性与审美性相结合

图1-27　新中式家具

图 1-28　豪宅内的家具

图 1-29　办公室内的家具

家具是一种大众消费用品，中国又是年消费家具超过100亿美元的世界8大消费大国之一。家具可以传播时尚，通过产品创新和市场创新而促进消费，扩大外贸出口，从而促进中国经济的持续健康发展。

六、家具存在的经济意义

家具产业是永不落幕的朝阳产业，除了发生战争的特殊时期外，家具都是随着社会的进步而不断发展的。自20世纪80年代以来，在国际产业的大调整中，中国以丰富的土地资源和人力资源，吸引了大批海外家具企业在中国落户（图1-30）。特别是珠江三角洲、长江三角洲和环渤海地区，吸引了众多家具企业，大大促进了中国家具工业的发展，成为国民经济新的增长点。

图 1-30　进口家具销售

小贴士

传统木家具典故

柳青《铜墙铁壁》第十八章："一个背盒子枪和卡宾枪两件子家具的警卫员上来了。"家用的器具，指木器，也包括炊事用具等，是人类日常生活和社会活动中使用的具有坐卧、凭倚、贮藏、间隔等功能的器具。通常由若干个零部件按一定接合方式装配而成，已成为室内外装饰的重要组成部分。北魏贾思勰《齐民要术》："凡为家具者，前件木皆所宜种。"可见，自古以来，中国家具一直以木材为主要用材。

第四节 案例分析

一、实木儿童组合梯柜木床

爬梯、梯柜可根据个人喜好随意安装，米白色的上下组合梯柜木床，营造贴近自然的舒适感。清新的米白色搭配原木色，风格清新且充满动感的视觉体验。床沿加高安全护栏，给予儿童最好的安全保护；根据儿童身体结构设计，爬梯分为四阶，避免上下踩空的意外，爬梯经过多次打磨，更好地保障儿童的安全；储物圆角书柜，可摆放孩子的玩具和书本，给房间更多的空间，同时装饰房间，使房间更加温馨（图1-31～图1-34）。

图1-31 实木儿童组合梯柜木床（一）

图1-32 实木儿童组合梯柜木床（二）

图1-33 实木儿童组合梯柜木床（三）

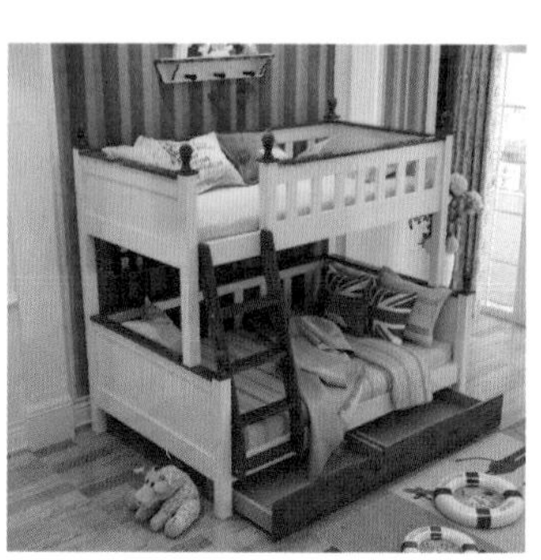

图1-34 实木儿童组合梯柜木床（四）

二、原木书架

厚实的隔板给人一种安心感，原木清晰的木纹，为书房带来大自然的清新，使人在喧闹的都市寻找到那份宁静，体现一种简洁美。简约时尚的多变造型，灵活多变的摆放形式，正是对个性的完美诠释（图1-35～图1-38）。

图1-35 原木书架（一）

图1-36 原木书架（二）

图1-37 原木书架（三）

图1-38 原木书架（四）

本/章/小/结

本章从家具的概念、构成要素和家具的种类等方面介绍了家具的基本知识。通过本章内容的学习，学生对家具及家具的种类有所了解。在设计中，要注意把握好家具的构成要素，合理运用材料，达到造型与功能的完美统一。

思考与练习

1. 家具与家具设计是什么?

2. 家具构成要素有哪些?

3. 生活中主要有哪些家具类型?

4. 家具的存在对人类生活有什么影响?

5. 家具的存在有什么意义？想象一下未来家具发展的趋势。

第二章

家具的发展史

学习难度：★☆☆☆☆

重点概念：中国家具　外国家具　发展　特点

章节导读

近些年，随着工业的发展，在传统手工作业基础上，各种新工艺、新材料不断应用于家具生产中，中国家具行业展现出崭新的活力和面貌。中国是一个家具制造大国，中国家具发展的萌芽可上溯到夏商周时期，外国家具可追溯到古埃及时期。

第一节 中国家具发展史

一、萌芽期

夏商周是家具的起源时期，当时的家具主要是青铜器。**青铜器家具作为祭器，具有礼器的职能，装饰风格神秘威严，宗教色彩浓厚**。青铜家具以俎、禁等置物家具为主，装饰风格狞厉而神秘，采用对称式构图，以饕餮纹、蝉纹、云雷纹为主要装饰（图 2-1、图 2-2）。此外，商代已经出现了比较成熟的髹漆技术，并被运用到床、案类家具的装饰上。从出土的一些漆器残片上，可以看到丰富的纹饰，在红底黑花之外，还镶嵌象牙、松石等，其技术达到了很高的水平。

夏商周是家具的起源时期，主要出现的家具品种：席—床榻之始俎、几—桌案之始；禁—箱柜之始；扆—屏风之始。

图 2-1　俎

图 2-2　兽面纹俎

由于冶金技术的进步，炼铁技术的改进给木材加工带来了突飞猛进的变革，出现了丰富的加工器械和工具。

二、成长期

1. 春秋战国时期

春秋战国时期，生产力水平大大提高，人们的生存环境也有了改善，当时主要的家具品种是几、案、椅、墩等（图2-3）。其中木制品大部分都是以漆髹饰，一方面是为了美观，显示主人的身份和地位，另一方面是为了保护木材少受损坏，而且几、案都比较低，是因为当时人们的习惯是坐、跪于地上。**青铜家具一改商周时期的神秘威严，整体上看起来灵秀轻巧。**漆木家具则以黑色为底，配以红、绿、金、银等多种颜料，配饰浮雕或者透雕的四方连续图案，简单朴素又不失华美。家具上还配有青铜制作的扣件，或嵌有竹器、玉石等饰件。

图2-3　春秋战国时期家具

2. 秦汉时期

秦汉时期，在继承战国漆饰的基础上，漆木家具进入全盛时期，不仅数量大、种类多，而且装饰工艺也有较大的发展。常用家具有几、案、箱、柜、床、榻、屏风、笥（放衣服的小家具）、奁（放梳妆用品的器具）、胡床（坐具，又称交床，绳床）等（图2-4、图2-5）。

这一时期的家具大多较低矮，并开始由低矮型向高型演化，软垫开始出现。制作家具的材料除木材外，还有金属、竹、玻璃、玉石等，制作材料比较丰富。这一时期的家具上出现了金银扣、玛瑙、云母等嵌饰，有的家具贴有金箔、金铜等装饰。装饰纹样以云气纹为主，流云飞动，广泛应用动物纹，体现强烈的时代特征（图2-6）。秦汉时期的家具出现了很多新的品种，有榻屏、独坐板枰、厨、柜等，还出现了桌子的形制。

图2-4　屏风

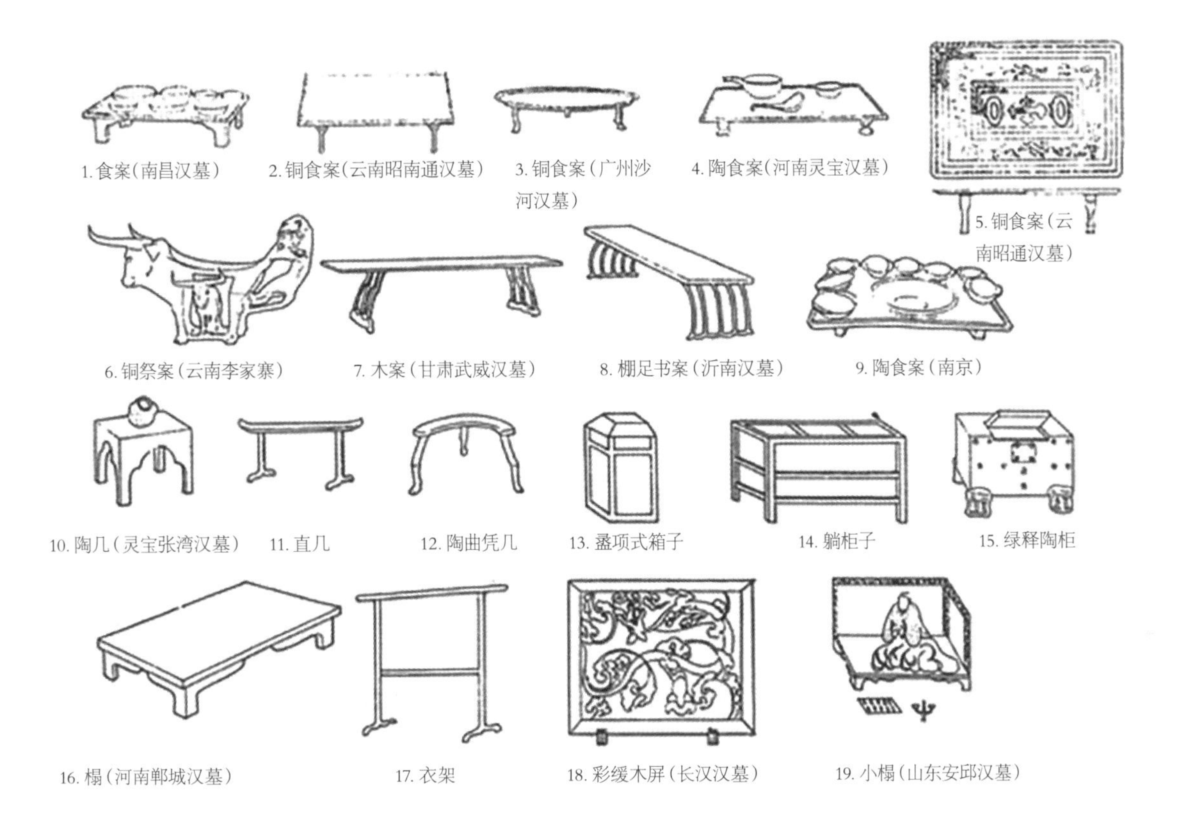

图 2-5　秦汉时期家具

图 2-6　秦汉时期家具

三、发展期

1. 魏晋南北朝时期

魏晋南北朝是中国历史上的第一次民族大融合时期，各民族之间的文化、经济的交流对家具的发展起到了促进作用。家具的发展变化很快，这时期新出现的家具形式主要有扶手椅、束腰圆凳、方凳、圆案、长杌等，竹藤家具开始发展起来（图 2-7）。

这些家具仅限上层社会或僧侣所使用。

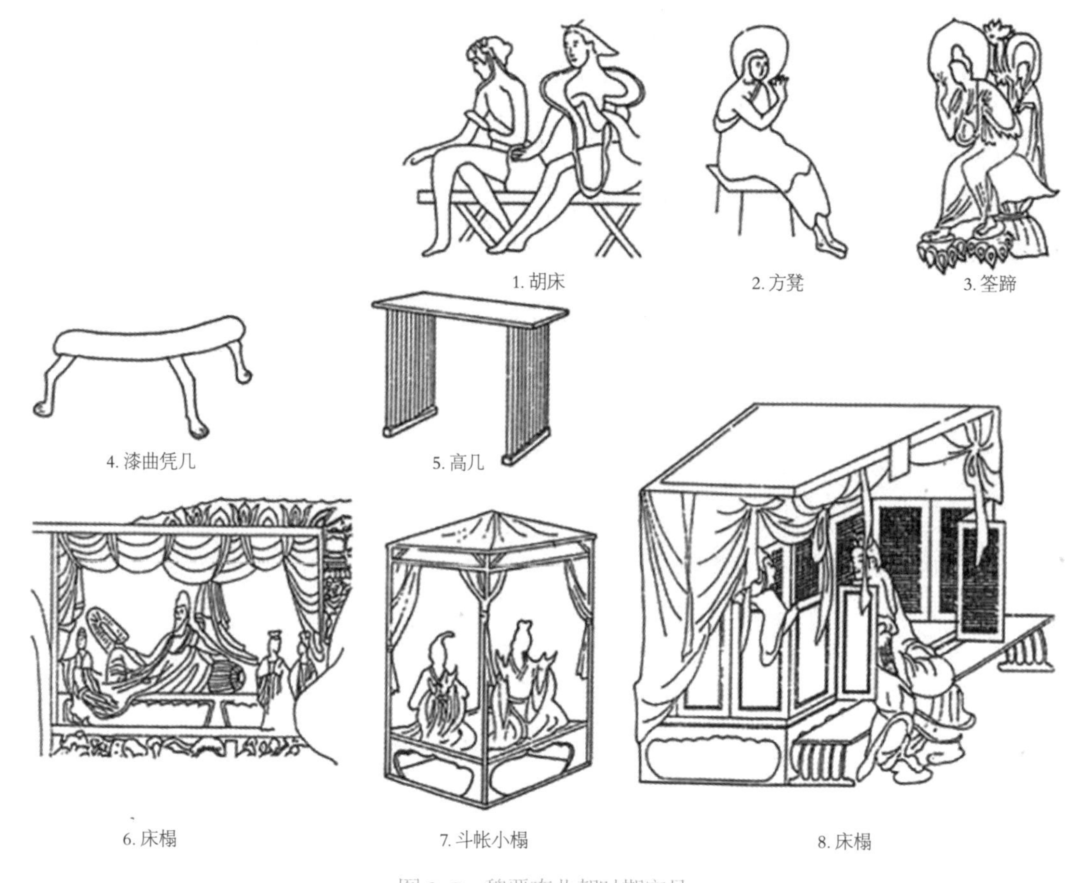

图 2-7 魏晋南北朝时期家具

坐具的品类增多，由此促进了家具由低矮型向高型发展，从西晋时期开始，跪坐的礼节渐渐变弱，直到南北朝时期，高型坐具发展起来。漆木家具装饰上使用绿沉漆，深沉的绿底色打破传统漆器红、黑色的格局，家具的装饰纹样反映了当时的宇宙观和浓厚的宗教色彩，以莲花纹、火焰纹、飞天纹等与佛教有关的纹样为主。

2. 隋唐五代时期

中国家具由隋唐五代时期的发展进入了一个崭新的时期。至唐代时，它一改六朝前家具的面貌，形成流畅柔美、雍容华贵的唐式家具风格。至五代时，家具造型崇尚简洁无华，朴实大方。**这种朴素的内在美取代了唐式家具刻意追求繁缛修饰的倾向，为宋式家具风格的形成树立了典范。**

这一时期的家具出现复杂的雕花，并以大漆彩绘，画以花卉图案。

唐代家具以清新活泼、雍容华贵为特征（图 2-8、图 2-9）。唐代家具圆润丰满，宽大厚重，凳腿部大量运用大弧度外向曲线， 显示出宏大的气势，再配以精细的花纹，与当时的文化背景浑然一体。此时的家具还是低矮家具，受佛教的影响，比较常见的还是或方或圆的禅椅。

唐代家具在工艺、造型、装饰等方面对日本家具产生过重要影响。当时日本大阪盛产中国式家具，至江户时代，仿中国家具已在日本广为流行。至今，日本奈良正仓院还珍藏有唐代传入的金银平脱漆箱、螺钿棋案、金银绘（日本称高莳绘）八角镜箱和大量仿唐漆木家具（图 2-10、图 2-11）。

图 2-8　唐代栅足案

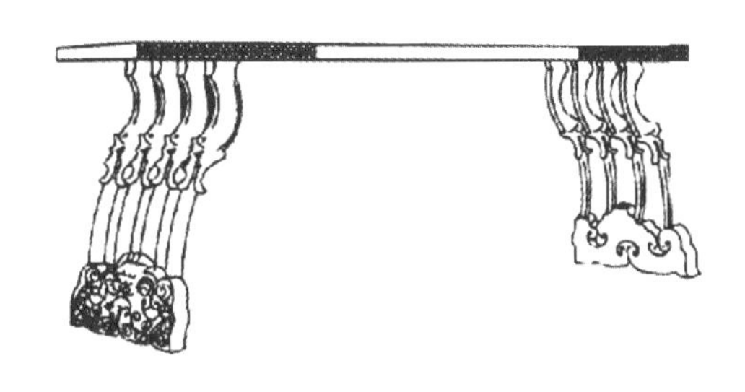

图 2-9　漆案

图 2-10　螺钿棋台

图 2-11　螺钿双陆棋盒

四、成熟期

宋代是中国家具承前启后的重要发展时期。首先是垂足而坐的椅、凳等高脚坐具已在民间普及，结束了几千年来席地而坐的习俗；其次是家具结构确立了以框架结构为基本形式；再次是家具在室内的布置有了一定的格局（图 2-12、图 2-13）。

宋代家具正是在继承和探索中逐渐形成了自己的风格。**宋代家具以造型淳朴纤秀、结构合理精细为主要特征**。在结构上，壶门结构已被框架结构所代替；家具腿型断面多呈圆形或方形，构件之间大量采用割角榫、闭口不贯通榫等榫连接；柜、桌等较大的平面构件，常采用“攒边”的做法，即将薄心板贯以穿带嵌入四边边框中，

宋代家具在整体风格上呈现出挺拔、秀丽的特点，装饰上承袭五代风格，趋于朴素、雅致，不作大面积的雕镂装饰，只取局部点缀以求画龙点睛。

图 2-12　从古画里看宋代家具

图 2-13　宋代禅椅

四角用割角榫攒起来，不但可控制木材的收缩，而且还起到装饰作用。

此外，宋代家具还重视外形尺寸和结构与人体的关系，工艺严谨，造型优美，使用方便。宋代家具有开光鼓墩、交椅、高几、琴桌、炕桌、盆架、落地灯架、带抽屉的桌子、镜台等，各类家具还派生出不同款式。

宋代出现了中国最早的组合家具，称之为燕几（图 2–14）。它是一套按比例制成的大小不同的几，共有 3 种式样，分为 7 个单件，可以变化组合成 25 样、76 种格局。燕几也是世界家具史上最早出现的组合家具。

元代家具在宋辽的基础上缓慢发展（图 2–15、图 2–16），是宋明之间一条不很明显的纽带。元代家具体形硕大，尤其是床榻的尺寸宽大，继承了辽金家具的风格。元代时期高桌数量增加，出现了抽屉桌。其中的特色家具是交椅，交椅可以折叠，携带方便，能满足当时的蒙古人生活的需要。

图 2–14　燕几

五、鼎盛期

中国家具的鼎盛期是明清时期，这一时期的家具不仅重视使用功能，更注重外观的美感（图 2–17、图 2–18）。清代家具多结合厅堂、卧室、书斋等不同居室进行设计，分类详尽，功能明确。主要特征是造型庄重、雕饰繁重、体量宽大、气度宏伟，脱离了宋、明以来家具秀丽实用的淳朴气质，形成了清代家具的风格。

明代家具结构设计科学，在横竖材交接处运用各种牙头或牙条，在家具四周边框采用各种券口或圈口，不仅美化了家具，还使家具更加牢固。用线刚劲洗练，流畅舒展，给人圆润流畅的感觉。铜饰品有圆形、长方形、如意形、海棠形、桃形、葫芦形等各种形状，和家具造型浑然一体。明式家具将浮雕、圆雕、透雕相结合，运用石、玉、牙、玛瑙、琥珀等名贵的材料

图 2–15　元代杉木彩绘三弯腿榻

图 2–16　元代八仙桌

图 2-17　明清家具

图 2-18　交椅

图 2-19　明代家具

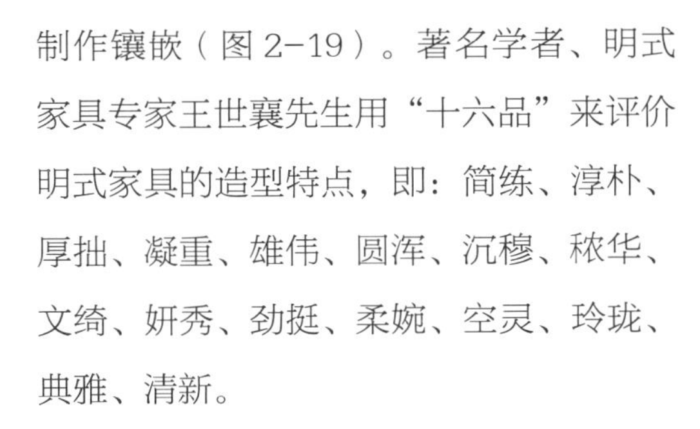

制作镶嵌（图 2-19）。著名学者、明式家具专家王世襄先生用“十六品”来评价明式家具的造型特点，即：简练、淳朴、厚拙、凝重、雄伟、圆浑、沉穆、秾华、文绮、妍秀、劲挺、柔婉、空灵、玲珑、典雅、清新。

清代家具在继承明代家具的基础上形成装饰华丽、雕刻繁缛的特色，成为继明代以后中国古典家具发展的又一个高峰。清代乾隆年间，家具形成地域性特点，其中以苏州、广州、北京的家具最为有名，被称为“苏式家具”“广式家具”“京式家具”。

在装饰材料的使用上，除了一些名贵硬木外，还选用优质软木。同时，象牙、大理石、玛瑙、景泰蓝、竹、藤、柳、丝绳等多种材料的运用，使得清代家具富丽华贵。家具装饰以雕刻、髹漆、彩绘等多种手法相结合，体现出雍容华贵的风格。广泛应用龙纹、凤纹、鱼纹、梅花纹、山水纹、花鸟纹等吉祥纹样，寄予美好的寓意。

明清家具的品种式样丰富多彩。家具艺术也和其他艺术一样，在明清代初期至中期也有很大的发展。

小/贴/士

太 师 椅

最能体现清代家具特点的家具就是太师椅。太师椅体型宽大，靠背与扶手连成一片，形成一个三扇、五扇或者是多扇的围屏（图 2-20）。太师椅是唯一用官制来命名的椅子，它最早出现于宋代，最初的形式是一种类似于交椅的椅具。到了清代，太师椅变成了一种扶手椅的专称，而且在人们的生活中占据了主要的地位。

图 2-20　太师椅

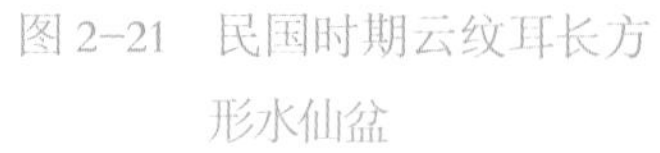
图 2-21　民国时期云纹耳长方形水仙盆

图 2-22　民国时期家具

图 2-23　民国时期家具

六、中西融合时期

民国时期的家具是中西结合的风格。自 1902 年始，全国各地官方或商人相继办起了许多工艺局、手工业工场。至 1920 年，全国木器工场和作坊以及手工艺者已遍布各地，形成了一支浩大的手工业工人队伍，家具生产出现了中国传统家具与“西式中做”的新式家具并存的局面。传统家具生产有久远的历史和广大市场，如江西赣县的彩绘皮箱、江西铅山县河口镇的柳木器、上海的硬木家具、北京的雕漆家具、扬州的螺钿家具等，都在国内外市场享有一定声誉。

民国时期家具体积增大，和欧洲家具风格逐步接近，出现顶端和底座可分离式的“穿靴戴帽”式，形成以客厅、书房和卧室为主的家具格局。家具材料大量使用玻璃和水晶，体现出近现代工业化的特色。家具腿足取自欧洲洛可可式和巴洛克式的装饰风格，曲线优美，出现方锥式、凹槽式、圆柱式、马蹄式等腿式（图 2-21 ～图 2-23）。

七、新时期家具

随着近年来家居装饰的不断升级，作为居室中最能体现设计和文化内涵的家具也在发生明显的变化，**家具的功能已从过去单一的实用性转化为装饰性与个性化相结合，**因此五花八门的新潮家具也相继应市，家具的形式将不再是单一的形态，而是可变化的。

人们更喜欢新潮的东西，家具也应走一条新颖变化的路线，打破一成不变的家具式样，赋予家具以鲜活的变幻魅力。在借鉴各国不同的家具风格和先进生产技术的同时，中国家具不断发掘传统技艺，并结合自己的国情民俗，逐渐形成一代新的家具风格。在市场上，板式家具、组合家具盛行（图 2-24）。

图 2-24　新时期板式家具

小/贴/士

家具行业的特点

1. 历史悠久

家具行业是历史非常悠久的行业，它伴随着人们衣、食、住、行的基本需要，并随着人们生活水平的提高而不断发展。随着工业的进步，在传统手工作业基础上，各种新工艺、新材料不断应用于家具生产中，中国家具行业展现出崭新的活力和面貌。

目前中国家具企业所生产的家具种类品种非常丰富。按材料分主要有实木家具、板式家具、塑料家具、金属家具、竹家具、藤家具、石材家具等，各种新材料均有所应用。按用途分主要有卧房家具、门厅家具、客厅家具、厨房家具、卫生间家具、办公家具、公共场所家具、户外家具、宾馆家具等，各种使用用途的家具都有生产。

2. 发展迅猛

从 20 世纪 80 年代至今，中国引进了大量国际先进的机械设备，大大提高了中国家具业的生产水平和竞争能力。近十年来迅速崛起，已经成为国际上仅次于美国的家具生产大国和出口大国。目前内地家具企业达 5 万余家，从业人员超过 500 万人，已形成了一批有特色、有竞争力的企业群落和产业区域。

第二节 外国家具发展史

一、古代时期

1. 古埃及家具

古埃及位于非洲东北部尼罗河下游。公元前 3100 年，美尼斯统一埃及，形成了世界上最早的文明古国。古埃及创建了尼罗河流域文化，当时的木家具有折凳、扶手椅、卧榻、箱和台桌等。

古埃及时期的椅、床腿常雕成兽腿、牛蹄、狮爪等形式。帝王宝座的两边常雕刻成狮、鹰、羊、蛇等动物形象，给人威严、庄重和至高无上的感觉。纹样多取自常见的动物形象和象形文字，装饰色彩除金、银、象牙、宝石的本色外，常见的还有红、黄、绿、棕、黑、白等，涂料以矿物质颜料加植物胶调制而成。用于折凳、椅、床的蒙面料有皮革、灯芯草和亚麻绳。木工技术也达到了一定的水平（图 2-25、图 2-26）。

图 2-25　古埃及家具（一）

图 2-26　古埃及家具（二）

古埃及家具由直线组成，采用几何或螺旋形植物图案装饰，用贵重的涂层和各种材料镶嵌；用色鲜明，富有象征性。

古希腊家具采用自然而优美的形式，给人舒适的感受。

古埃及家具文化艺术是表现埃及法老和宗教神灵的文化艺术，是表现君主与贵族等统治阶级生前死后均能享乐的文化艺术。古埃及家具的造型以对称为原则，比例合理，坚厚、凝重、威严而华贵，充分体现使用者的权威与地位，显示出人类征服自然界的勇气和信心。当时已经在制作中使用锯、斧、刨、凿、弓、刀等工具，主要通过木销和木钉进行连接。

2. 古希腊家具

古希腊文化的鼎盛时期是公元前 7 世纪—公元前 4 世纪。根据石碑的记载，已有座椅、卧榻、箱、棋桌和三条腿的桌子（图 2-27、图 2-28）。**古希腊的家具因受其建筑艺术的影响，家具的腿部常采用建筑的柱式造型**，用轻快而优美的曲线构成椅腿及椅背，形成了典雅优美的艺术风格。

3. 古罗马家具

公元前 6 世纪，古罗马奴隶制国家产生于意大利半岛中部，此后随着罗马的不断扩张而形成了一个稳固的大罗马帝国。遗存的实物中多为青铜器和大理石家具，还有大量木材家具，而且樟木框镶板结构已经开始使用，还加以镶嵌装饰，常用的纹样有雄鹰、带翼狮子、胜利女神、桂冠等，尽管在造型和装饰上受到了古希腊的影响，但仍具有古罗马帝国坚厚凝重的风格特征（图 2-29、图 2-30）。

古罗马兽足型家具比埃及的更加敦实，更倾向于实用主义，形式上追求宏伟壮丽，强调写实性，表现严峻、冷静、沉

图 2-27　古希腊家具（一）

图 2-29　古罗马时期家具

图 2-28　古希腊家具（二）

图 2-30　装饰纹样

着的鲜明特征。家具样式借鉴古希腊的同时，加入古罗马帝国严峻的英雄气概，构成一种男性化的艺术风格。

二、中世纪时期

中世纪前期的家具以拜占庭式和仿罗马式为主流。直至 14 世纪，哥特式家具风靡整个欧洲。

1. 拜占庭式家具

拜占庭式家具继承了罗马家具的形式，并融和西亚的艺术风格，趋向于更多的装饰，雕刻、镶嵌最为多见，有的则通体施以浮雕（图 2-31）。装饰手法常模仿罗马建筑上的拱券形式，节奏感很强。镶嵌常用象牙、金银，偶尔也用宝石。象牙雕刻堪称一绝，如取材于《圣经》的象牙镶嵌小箱，采用木材作为主体材料，并用金、银、象牙镶嵌装饰表面。

2. 哥特式家具

哥特式家具主要陈放在教堂中，当时的天主教构成了欧洲封建社会的神学体系。哥特式教堂显示出这种教权的神圣，而哥特式家具又装饰了教堂的室内。纵向的线条，平板状坐面、靠背，朴素、挺直、庄重的造型，再加上透过彩色玻璃射入室内的紫色光线，给人以宗教的神秘感。**哥特式家具给人刚直、挺拔、向上的感觉**（图 2-32）。这主要是受哥特式建筑风格的影响，如采用尖顶、尖拱、细柱、垂饰罩、浅雕或透雕的镶板装饰。

哥特式建筑的特点是以尖拱代替仿罗马式的圆拱，宽大的窗子上饰有彩色玻璃图案，广泛地运用簇柱、浮雕等层次丰富的装饰。高耸入云的尖塔把人们的目光引向虚渺的天空。法国的巴黎圣母院、德国的科隆大教堂、英国的坎特伯雷主教堂，就是这类建筑的代表（图 3-33、图 3-34）。

哥特式家具常用装饰图案有火焰装饰、尖拱、三叶形和四叶形，常用的木材是橡木。

图 2-31　拜占庭家具

图 2-32　哥特式家具

图 2-33　巴黎圣母院

图 2-34　科隆大教堂

三、近世纪时期

西方近世纪家具从 16 世纪到 19 世纪经历了文艺复兴、巴洛克、洛可可、新古典主义四个时期，尤以英、法两国为代表。现在所说的西方古典家具主要是指这时期的家具，体现出一种欧洲文化深厚的内涵，至今仍受到人们的厚爱。

1. 文艺复兴时期的家具

西方家具受文艺复兴思潮的影响，在哥特式家具的基础上吸收了古希腊和古罗马家具的特点，**在结构上改变了中世纪家具全封闭式的框架嵌板形式，椅子下座全部敞开，消除了沉闷感。**

文艺复兴时期家具普遍采用直线式，家具部件多样化。

在各类家具的立柱上采用了花瓶式的旋木装饰，有的采用涡形花纹雕刻。箱柜类家具有檐板、檐柱和台座，形体优美，比例良好和谐（图 2-35、图 2-36）。**装饰题材上消除了中世纪时期的宗教色彩，在装饰手法上更多地赋予人情味。**

2. 巴洛克风格家具

巴洛克家具的主要特色是强调力度、变化和动感。

巴洛克风格家具摒弃了对建筑装饰的直接模仿，舍弃了将家具表面分割成许多小框架的方法以及复杂、华丽的表面装饰。将富有表现力的细部集中，简化不必要的部分，加强整体装饰的和谐效果，彻底摆脱了家具设计一向从属于建筑设计的局面，这是家具设计上的一次飞跃（图 2-37）。

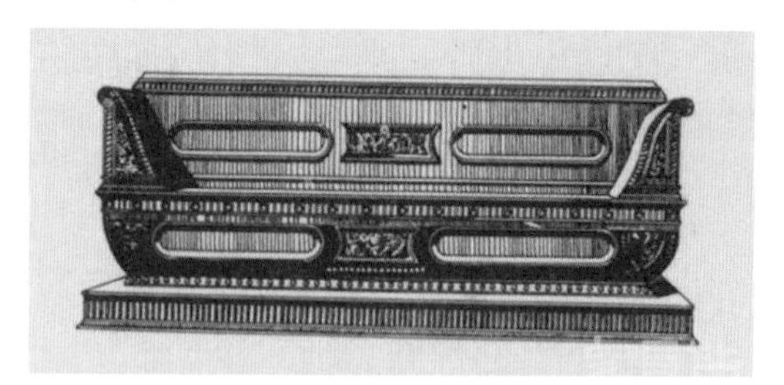

图 2-35　文艺复兴时期家具（一）

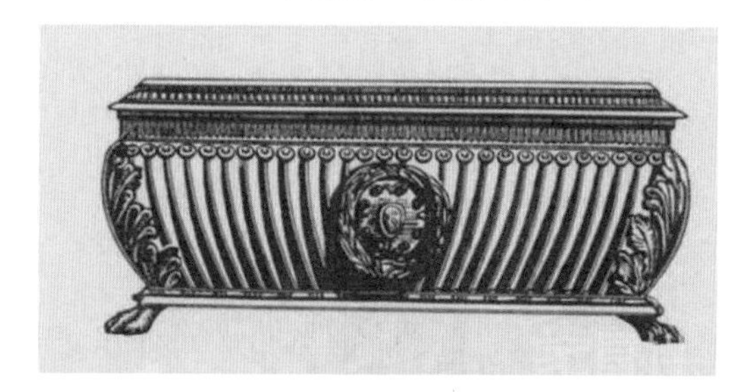

图 2-36　文艺复兴时期家具（二）

图 2-37　巴洛克风格家具

巴洛克风格以浪漫主义作为形式设计的出发点，运用多变的曲面及线形，追求宏伟、生动、热情、奔放的艺术效果，摒弃了古典主义造型艺术上的刚劲、挺拔、肃穆、古板的遗风。

文艺复兴时代的艺术风格是理智的，从严肃、端正的表面上强调静止的高雅；而**巴洛克艺术风格则是浪漫的，以秀丽、委婉的造型表现出运动中的抒情趣味**。巴洛克家具在表面装饰上，除了精致的雕刻之外，金箔贴面、描金填彩、涂漆以及薄木拼花装饰也很盛行，以达到金碧辉煌的艺术效果。

3. 洛可可风格家具

洛可可风格家具于 18 世纪 30 年代逐渐代替了巴洛克风格家具。它是在巴洛克风格家具造型装饰的基础上发展起来的，它剔除了巴洛克风格家具造型装饰中追求豪华、故作宏伟的成分，吸收并夸大了曲面多变的流动感。**柔婉、优美的回旋曲线，精细、纤巧的雕刻装饰，再配以色彩淡雅、秀丽的织锦缎或刺绣包衬**，不仅在视觉艺术上形成高贵、瑰丽的感觉，而且在实用与装饰效果的配合上也达到空前完美的程度，**实现了艺术与功能的完美统一**（图 2–38）。

洛可可风格家具的装饰特点是以青白色为基调，模仿上流社会妇女的洁白肤色，以示高贵。在青白色的基调上镂以优美的曲线雕刻，通过金色涂饰或彩绘贴金，再以高级硝基漆罩光，使整体产生富丽豪华之感。也有采用花梨木等珍贵材种，以透明硝基漆来显示美丽纹理的本色涂饰的。洛可可家具的雕刻装饰图案主要有狮、羊、猫爪脚、“c”形、“s”形、涡卷形的曲线、花叶边饰、齿边饰、叶蔓与矛形图案、玫瑰花、海豚、旋涡纹等。

4. 新古典主义时期家具

新古典主义风格的家具主要特征为做工考究，造型精炼而朴素。以直线为基调，不做过密的细部雕饰，以方形为主体，追求整体比例的和谐与呼应（图 2–39、图 2–40）。注意理性，讲究节制，避免繁杂的雕刻和矫揉造作的堆砌。

洛可可艺术以自然界的动植物形象作为主要的装饰要素。

图 2–38　洛可可风格家具

图 2–39　新古典主义时期家具

图 2–40　新古典主义风格家具

新古典主义时期家具是对巴洛克、洛可可风格的改良，去除太多无用的奢华虚饰，重新回归古典的一种历史家具风格。

家具的腿大多是上大下小，且带有装饰凹槽的车木件圆柱或方柱。椅背多为规则的方形、椭圆形或盾形，内镶简洁而雅致的镂空花板或包蒙绣花天鹅绒与锦缎软垫。新古典风格摒弃了巴洛克式的图案与奢华的金粉装饰，取而代之的是简单的线条与几何图形。直线多、曲线少；平直表面多、旋涡表面少。矩形的几何造型及有意缩小的体积，使家具显得更加纤巧、轻盈、优美，其轻盈、流畅的造型，朴素、精巧的装饰，令人赏心悦目。

这时期最常用的木材是胡桃木，其次是桃花心木、椴木和乌木等。以雕刻、镀金、嵌木、镶嵌陶瓷及金属等装饰方法为主，装饰图案有玫瑰、水果、叶形、火炬、竖琴、壶、希腊的柱头、狮身人面像、罗马神鹫、戴头盔的战士等。

第三节 现代家具设计的特点

近年来，随着我国经济的持续稳定增长，家具市场呈现出广阔的发展前景。比如，庞大笨重的大写字台是国内办公家具的重要元素，其暗红色的主调和深胡桃木色调给人们留下了深刻的印象，在很长一段时间里曾被视为一种身份和地位的象征。但随着人们审美倾向的变化、视野的不断开阔以及工作观念和方式的转变，办公家具设计显现出许多新的特征，以不断地适应人们新的需求和时代的步伐。

一、造型趋于简洁，整体结构模块化

“简洁”一词在设计的相关领域风靡一时，尤其受到年轻人和白领一族的喜爱，**家具更加注重点、线、面和力量与柔性的结合**，追求“简洁而不简单”的艺术效果，简单中注入了更多审美和细部的考虑。在形体方面，规则的正方形和长方形逐渐取代了各种自由形体（图 2-41），**整体造型更加简洁**。这种造型方式顺应家具发展的未来方向，因其结构简化所以操作起来更加方便，生产投资也得到优化，从而降低了成本。从这一点来说，简洁的造型和模块化设计有异曲同工之妙。

图 2-41　简洁的办公家具

小/贴/士

宜家的模块化设计

宜家家具都是自由拆分的组装件，产品可分成不同模块，这就意味着可以进行大规模的生产和物流，为平板包装打下了良好的基础，节约了大量的运输成本。由于我国家具企业良莠不齐，管理较为松散，所以模块化设计的实施还不理想，但它将成为我国未来办公家具发展的主要方向。

模块化设计是指在对家具进行功能分析和判断的基础上，划分并设计出一系列家具功能模块并通过功能模块的选择与组合构成不同家具的一种设计方法。模块化设计最突出的特点就是标准性和通用性，它能够增加材料的利用率、提高工作效率、减少运营成本。

二、家具色彩五彩纷呈

随着人们视野的开阔以及信息化、知识化和服务化社会的到来，生活与工作的界限越来越模糊，家庭办公的出现和迅速发展即是很好的证明。比如现代的办公家具与以往的办公家具相比，更加注重办公环境的灵活性和舒适性等人性化因素，使人们在紧张的工作氛围中尽可能地放松身心，以提高工作的热情和效率。

家具中慢慢地融入了越来越多的暖色，如橙色系、红色系和黄色系等以及各种冷暖色系相搭配的色彩，从心理学角度来讲**这些跳跃的色彩也有利于使人们保持思维的活跃**（图 2-42、图 2-43），使其在整个工作、生活过程中感到舒适、自在。

三、“人性化设计”逐渐加强

“人性化设计”突出的是“以人为本”的概念，即强调外观的形态美，也重视家具本身内在的舒适性、功能性和环保性，是对人们心理和生理的一种人本关怀。在现代社会中，人们对周围的工作和生活环境提出了新的要求，“人性化”逐渐成为设计师和消费者不断追求的目标，成为衡量社会进步的重要标志。

从心理角度而言，现在的家具具有

图 2-42　橘红色的沙发使得客厅充满活力

图 2-43　不同色彩家具搭配

人体工程学在家具设计中有着不可替代的作用，它是整个家具设计的重要依据。

优美的外在形态，运用的材料在质感和色彩方面也越来越丰富，环保性也在不断的加强，给人以愉悦的心理感受。从生理角度而言，人性化的设计保障了家具的舒适性，舒适性是以人体工程学为基础的设计，必须建立在对人体尺寸进行科学分析的基础之上，并对于产品所针对的人群和地域有所了解，才能做到真正意义上的人性化。

另外，功能性的逐渐细化和拓展，也是家具趋于人性化的一个显著特征。以办公家具为例，一些带有滑轮的沙发，其一侧的扶手设有一圆形木盘，既能放文件、书本、笔记本又可放咖啡等饮料，同时带有折叠功能，色彩也比较丰富，非常具有亲和力；又如现在开放式或半开放式办公空间中的一些屏风设计，在满足个人私密性的基础上，还可根据需要移动活动式的隔板，组成不同的隔断空间。

四、智能化的不断融入

家具的智能化就是采用现代数字信息处理技术，将各种不同类型的信号进行实时采集，并由控制器对所采集的信号按预定程序进行记录、判断和反馈等处理，并将处理后的信息及时上报至信息管理平台。因此，家具的智能化与现代数字信息技术的发展密不可分，对办公空间环境也产生了深远的影响。

随着科技的进步，“智能化”必将成为未来办公家具发展的一个重要趋势。如办公椅能够根据所承载的重量与位置辨别不同的使用者并调整相应的高度和角度；办公桌能够记住不同使用者的工作习惯，有一些还采用了指纹锁和密码锁；办公灯能提供日光灯一样的照明等，都证明了“智能化”正在慢慢融入办公家具的设计中。

图 2-44　可拆组的书桌

五、拆装组合的灵活性增强

拆装组合家具强调的是产品的“标准化”和“模块化”理念。**人们可以根据自己的喜好购买不同的零部件，经调整组合成不同款式的家具**。这一创新打破了以往传统家具的固定形式（图 2-44），不但满足了多样化的需求，还呼应了人们讲求个性和实用性的家居生活理念。

自由拆装组合的家具相对整个系统而言，不论是作为整体还是个体都能够成为独立的家具形式，方便且实用，不但有效节约了空间还能最大限度地满足实际空间的需要。与此同时，它还能够使人们充分享受到 DIY 的乐趣，让人们真切地体会到一种可变的生活方式。**自由拆装组合家具因其拆装和包装的方便，所以能有效地降低维护和运营成本**。

第四节
案例分析

一、罗汉床

罗汉床通常采用全实木制作，结构稳固、耐用。采用实木榫卯工艺，再用现代枪钉胶进行加固，以保证家具结实、耐用。表面刷环保木器漆，三遍底漆，一遍面漆，反复打磨、上漆，保留原木特有的美感，使色泽更有韵味。饰以动植物图案，使用高精机器进行浮雕，让产品更精美（图 2-45）。

图 2-45　罗汉床

二、南官帽椅

南官帽椅通常分为高背式和矮背式两类，后者的高度一般不会超过 100 cm。图片明确地表明了早期的靠背板使用攒框装板的制法，而典型的装板花饰有小块的纹木片或石片，雕刻装饰片或图纹彩绘片（图 2-46）。

图 2-46　南官帽椅

三、温莎椅

温莎椅的构件完全由实木制成，多采用乡土树种，椅背、椅腿、拉档等部件基本采用纤细的木杆旋切成型，椅背和座面设计充分考虑到人体工程学，强调了人的舒适感。设计简单而不失尊贵，装饰优雅而不失奢华（图 2-47）。

图 2-47　温莎椅

四、克里斯莫斯椅

椅背和后腿形成一个独立的连续曲线，而前腿成比例地向前弯曲，以平衡后部的倾覆。后背本身是由一块微凹的平板做成的拱状物，高度齐肩。它不仅由两组直立的椅腿支撑，而且还受到中间的这块装饰板的撑托（图 2-48）。

图 2-48　克里斯莫斯椅

五、视听柜

视听柜需要在对称与平衡中，展示美好的感受与情趣。该视听柜的材料为白橡木，表面喷涂环保清漆，安全健康，保留了原木的天然纹理与质感。在感受北欧优雅风格的同时，巧妙地将实用与舒适融入居家生活。中部的柜门可以翻转和拆卸，两侧的抽屉可提供更大的收纳空间，配上黄铜拉手，精致而优雅（图 2-49）。

图 2-49　视听柜

六、日式坐垫

此日式坐垫采用亚麻布料制作坐套，无污染，透气性强，冬暖夏凉。采用优质千层面填充，质感柔软，坐感舒适，色彩简约而不张扬。精致的绑带设计，在使用的过程中，能有效防止坐垫滑落，使用起来安全放心。坐套可拆洗，使用方便（图 2-50）。

图 2-50　日式坐垫

本/章/小/结

本章分述了中国家具及外国家具的发展史及不同时期家具的特点。家具的发展不是单独存在的，它为人类历史的发展增添了艺术性，反映了人类生产水平以及审美水平的提高。纵观中外家具的发展史，其中不乏优秀、经典的作品，许多工艺和装饰方法一直被沿用至今。在设计中，借鉴传统家具中优秀的施工工艺和形式，取其精华，去其糟粕，能够帮助设计者更好地表达设计意图，设计出更好的作品。

思考与练习

1. 我国家具起源于何时?
2. 南北朝时期的家具有何特点?
3. 明代与清代的家具有什么不同?
4. 哥特式家具的创意来源有哪些?
5. 家具设计的人性化设计体现在哪些方面?
6. 举例说明现实生活中哪些家具用到了拆装组合的设计。

第三章
家具设计的风格与尺寸

学习难度：★★☆☆☆

重点概念：风格　人体工程学　环境

章节导读

家具能经过几千年的变迁，发展至今，证明了家具是经济基础、文化艺术的集中反映。几千年的中西方传统文化衍生出家具的风格流派，诠释了社会因素对家具风格形成与发展的影响。在实际生活中，现代家具设计最重要的是以人为本、人性化设计，家具设计中加入人体工程学的考虑即会按照人体生理功能量身定做，并把握室内环境，更有益于人体的身心健康。

第一节 家具设计的风格

一、各种家具风格

1. 欧式家具风格

（1）欧式新古典风格

欧式新古典风格家具将古典风范与个人的独特风格和现代精神结合起来，使古典家具呈现出多姿多彩的面貌。白色、咖啡色、绛红色、黄色是欧式风格中常见的主色调，糅合少量白色，使色彩看起来明亮、大方，使整个空间给人以开放、宽敞的感觉（图3-1）。

欧式家具营造的是庄严宏大、宁静和谐的或者是充满浪漫的氛围。两种氛围虽相差较大，但在众多的家具风格中最能体现主人高贵的品位。

■

欧式新古典家具摒弃了过于复杂的肌理和装饰，简化了线条。

图 3-1　欧式新古典风格家具

图 3-2　欧式古典风格家具

图 3-3 欧式田园风格家具

（2）欧式古典风格

欧式古典风格家具是现在流行的一种家具风格。欧式古典风格对每一个细节都精益求精，在庄严气派中追求奢华、优雅。融入现代设计手法后，更具有实用性。**欧式家具带有一丝怀旧情怀**，透露出欧洲传统的历史痕迹与深厚的文化底蕴（图 3-2）。

（3）欧式田园风格

欧式田园风格家具注重简洁、明晰的线条和优雅、得体的装饰，强调整体性。配上传统手工业的制作和现代先进的技术，使得欧式田园家具显得更加大气、典雅、尊贵（图 3-3）。欧式田园家具注重细节，小小的一个拉手就有上百种造型。它的涂装工艺复杂，在一些细节上的处理和其他家具不一样，所产生的纹理图案稳重、细腻。

在现代都市里，**欧式田园家具**代表的并不是真正意义上的乡村或者田园。它**是人们崇尚大自然的一种表现，使人们仿佛置身于大自然中，身心得到放松、舒展**。

（4）简约欧式风格

简约欧式风格家具追求家具的舒适度与实用性。它摒弃了古典家具的繁复，运用简约的线条和天然的实木纹路，但又不失高贵与典雅，实现了一种简约而不简单的设计风格。

2. 新中式家具风格

中式风格家具在造型上比较古板，多为明清家具，颜色多以黑、红为主。如今，中式风格家具大多以装饰性能为主。从家具风格的特征方面来考证，新中式家具具有其他风格家具的共同特征，即单一性与多样性，时代性与稳定性，地域性与全球性。

新中式家具产品在造型上充分考虑了其舒展性与人体结构的关系，因此它的扶手与靠背

图 3-4　新中式风格家具(一)

图 3-5　新中式风格家具(二)

图 3-6　美式仿古风格椅子

图 3-7　美式仿古风格化妆镜

图 3-8　美式乡村风格沙发

所呈现出来的比例关系都令人叫绝。它是实用的人性化工具，造型非常协调，犹如书法一样的线条处处散发着情趣。它多变的曲线与灵秀的图案也很有跳跃感（图 3-4、图 3-5）。

3. 美式家具风格

（1）美式仿古风格

美式仿古风格家具在材质的选取上多为珍稀的樱桃木、精致的小牛皮、浮华的锦缎等名贵材料。球状及爪状的支脚，繁复的雕刻，镂空工艺等，是这类家具常用的元素（图 3-6、图 3-7）。比如，沙发旁可以搭配象征健康长寿的福寿龟凳，既美观又实用；在大厅内摆设一座古朴的大座钟，既气派又实用；在室内局部加铺地毯，以缓和冷硬之感。

（2）美式新古典风格

新古典主义的设计风格其实是经过改良的古典主义风格。**家具保留了材质和色彩的精髓**，仍然可以强烈地感受到传统的历史痕迹与浑厚的文化底蕴，同时又**摒弃了过于复杂的肌理和装饰，简化了线条**。

（3）美式乡村风格

自然朴素是乡村风格的精髓。所谓乡村风格，并不仅仅是广义上的乡村，更重要的是营造一种让人们内心宁静、祥和的氛围（图 3-8）。美式乡村风格家具颜色多仿旧漆，式样厚重，桌椅为木制，上铺碎花桌布，色彩以自然色调为主，表现出亲切、温馨的气质。

4. 日韩风格

日韩两国的人们注重生活的品质（图3-9～图3-12），偏爱优雅的白色的同时，会在现代家具中融合些许精致的欧洲装饰元素，这些装饰细节小面积点缀在家具的边缘，朴素的小花与纤细的小草透露着柔美和婉约。**日韩两国的人们喜欢席地而坐，贴近自然，所以家具表现的是一种生活态度，清新自然的空间里鲜少出现夸张的家具。**

图 3-9　榻榻米

图 3-10　日式格子屏风

图 3-11　韩式电热炕板

图 3-12　韩式田园沙发

二、未来家具设计的发展趋势

1. 简约、实用

家具装饰构造以直线或曲线形态的几何图形为主，不再使用繁琐的细部线条，家具风格整体趋于简洁、实用，注重功能性（图3-13）。

2. 可持续发展

可持续发展为不同风格家具之间的相互融合、弹性利用留有余地。家具无论在自身构造，还是在装饰造型上，都具有可随时更新及再利用的余地。

小/贴/士

现代时尚家具风格表现特点

演绎另类生活、凸显自我、张扬个性的现代时尚风格已经成为设计者在家具设计中的首选。

新中式风格在设计上继承了唐代、明清时期家具设计理念的精华，将其中的经典元素提炼并加以丰富，同时改变原有家具构造中等级、尊卑等封建思想，给传统家具文化注入了新的活力。这些元素构成了新中式风格的独特魅力。

新古典风格在体现高贵、注重装饰效果的同时，用现代的手法和材质还原了古典气质。新古典风格具备了古典与现代的双重审美效果，完美的结合也让人们在享受物质文明的同时得到了精神上的慰藉。

欧式古典主义设计风格营造出华丽的效果，作为欧洲文艺复兴时期的产物，古典主义设计风格继承了巴洛克风格中豪华、动感、多变的视觉效果，也吸取了洛可可风格中唯美、律动的细节处理方式。

3. 清新、环保、自然

在设计和制作家具时，凡是有利于环保的材料都应被广泛采用，采用适量纯天然的麻、棉、毛、草、石等，能让人产生贴近自然的亲身感受（图 3-14）。

4. 具有高科技含量

现在是信息化的时代，现代人对信息、网络的依赖性增强，智能型家具已不再是空想。此外，在家具材料上应该与时尚接轨，采用新产品、新工艺来满足新时代的生活方式。

图 3-13　注重实用性的椅子

图 3-14　竹编椅子

第二节 家具设计与人体工程学

一、人体工程学对家具的作用

人体工程学是以人、机、环境三者关系为研究对象，以实测统计、分析为研究方法。应用到产品上来，也就是在产品的设计和制造方面完全按照人体的生理功能量身定做，更有益于人体的身心健康。现代家具设计的核心就是以人为本，人体工程学也是以人为核心来进行研究工作的，家具设计中融入人体工程学会使得家具更符合人的生理机能且能满足人的心理方面的需求。

1. 人体工程学在家具设计中的作用

人体工程学确定了家具的科学分类。**根据家具和人的关系将家具分为支撑人体的人体家具**，如椅、凳、沙发等；**与人体关系密切的承托物体的凭倚类家具，如桌，台等；与物品关系密切的起贮藏作用的家具**，如柜、架等。

人体工程学确定了家具最佳性能的评价标准。例如床垫的设计问题，在对人在睡眠状态时的肌电图、脑电波、体压分布、脉搏、呼吸、出汗、卧姿变化、翻身次数、疲劳感觉等进行计测后，确定家具的最优尺寸，以确定家具设计的标准原型。

2. 人体工程学要求家具设计的原则

家具的基本功能设计应该满足使用者的具体行为方式。供人们休息的家具，在造型和尺度设计时应该使人们在静态使用状态时疲劳强度降到最低，使人身体各个部分的肌肉完全放松。为工作状态下提供服务的家具，除了减轻人体疲劳外，还应该注意人与家具合理的位置关系，以提高工作效率。**家具设计时，造型和尺寸要遵循身体便于移动的原则，家具的外观和功能设计要考虑人心理上的需求，使人在使用时产生愉悦感**。

二、人体尺寸与家具的关系

家具设计首先要了解人的基本尺度。家具是供人使用的，符合人的尺度的家具才能让人在空间里活动自如。

1. 人体静态尺寸

人体尺寸分为人体静态尺寸和人体动态尺寸。**人体静态尺寸对与人体有直接关系的物体有较大的影响**，下表为中国成年人身体的主要尺寸（表 3–1）。

表 3–1　人体主要尺寸（单位：mm）

1 / 2 / 3	男（18 ~ 60 岁）							女（18 ~ 55 岁）						
	1	5	10	50	90	95	99	1	5	10	50	90	95	99
身高	1540	1585	1605	1675	1775	1815	1815	1450	1485	1505	1570	1640	1660	1695
体重	45	50	55	60	70	80	85	40	45	50	55	60	65	70
上臂长	280	290	295	315	335	345	350	250	260	270	280	305	300	320
前臂长	205	215	220	235	255	270	270	185	195	200	215	230	235	240
大腿长	415	430	435	465	495	505	525	385	400	410	440	465	475	495
小腿长	325	340	345	370	395	405	420	300	315	320	345	370	375	390

注：1：年龄分组、2：百分位数、3：测量项目。

在家具设计中，人体的静态尺寸制约了某些家具的尺寸，如将人体的身高应用于柜类家具的高度、隔板高度的设定上；将立姿高度应用于展示类家具的功能空间设计、隔断和屏风高度的设计上；将肘部高度应用于厨房家具（地柜），梳妆台、工作台等高度的设计上。

通过科学研究发现，最舒适的高度是低于人的肘部高度 76mm，另外休息平面的高度应该低于肘部高度 25 ～ 38mm；挺直坐高应用于设计双层床、学生用家具（床、书柜、书桌一体化家具）；坐姿眼高应用于设计电视柜、课桌椅、影视剧院家具；肩宽决定床类家具的部分尺寸；两肘宽度可以应用于确定会议桌、餐桌和牌桌周围座椅的位置；臀部尺寸应用于限定座椅的宽度。

2. 人体动态尺寸

动态的人体尺寸是指人在活动时测量得来的尺寸，包括动作范围、动作过程、形体变化等。人在进行肢体活动时，所能达到的最大空间范围，得出这个数据能保证人在某一空间内正常活动（图 3–15）。

在任何一种身体活动中，身体各部位的动作并不是独立完成的，而是协调一致的，具有连贯性和活动性。它对解决空间范围、位置问题有重要作用，人的关节的活动、身体转动所产生的角度与肢体的长短要协调。

三、家具设计中人体尺寸的应用

1. 坐具

座椅的形式和尺度与其使用功能有关，座椅的尺寸必须按照人体工程学的测量数据来确定。人体工程学从理论上证明了人的站立姿势是自然的，而坐卧姿势改变了自然的状态。人在坐下时盆骨要向后方回转，同时脊椎骨下端

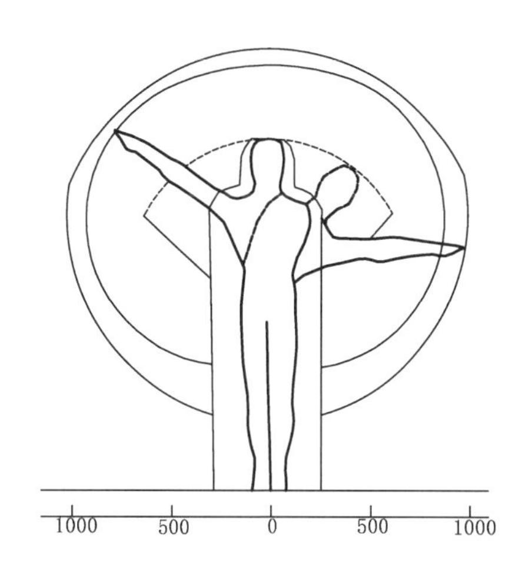

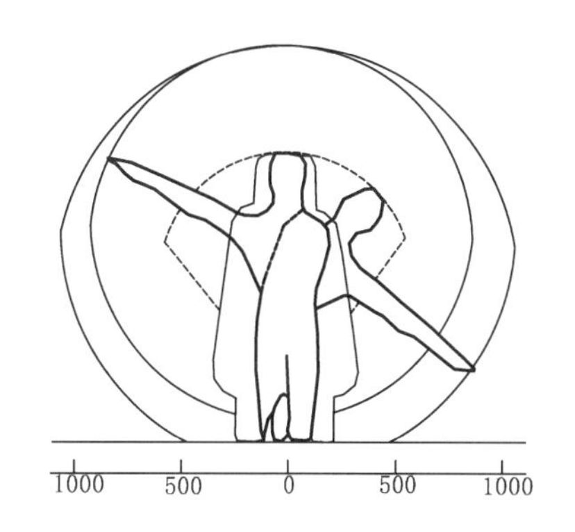

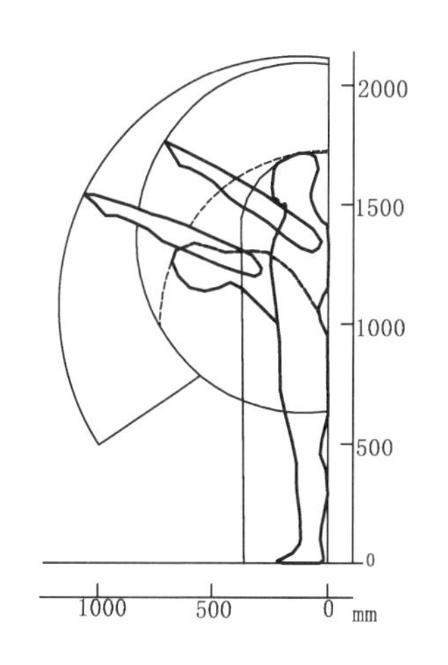

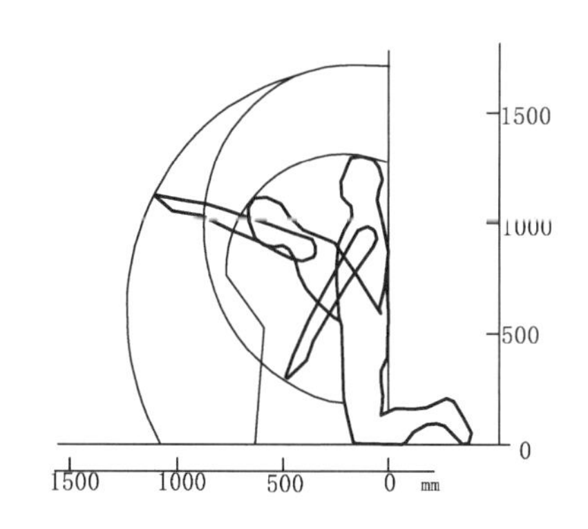

图 3–15　人体动态活动空间

也会回转，脊椎骨不能保持自然的S形，就会变成拱形，人的内脏不能得到自然平衡就会受到压迫的痛苦，脊椎就要承受不合理的压力。**对椅子功能评价包括臀部对坐面的体压分布情况，坐面的高度、深度、曲面，坐面及靠背的倾斜角度等，它们是决定人的坐姿重心及舒适度的重要因素。**

（1）坐具的分类

人体工程学关于椅子支持面条件的研究综合了多方面的实验结果。其中有三种形式，第一种是一般的办公用椅，第二种是休息用椅，第三种是多功能的椅子。图中是以支持面支撑的标准人体稳定姿势（图3-16）。

a. 办公椅

办公椅在设计时要考虑座椅的舒适性、方便性和稳定性。它要有适当的支撑，重量均匀分布在坐面上，同时要适当考虑人体活动性和操作灵活性与方便性（图3-17）。

图3-17　办公椅

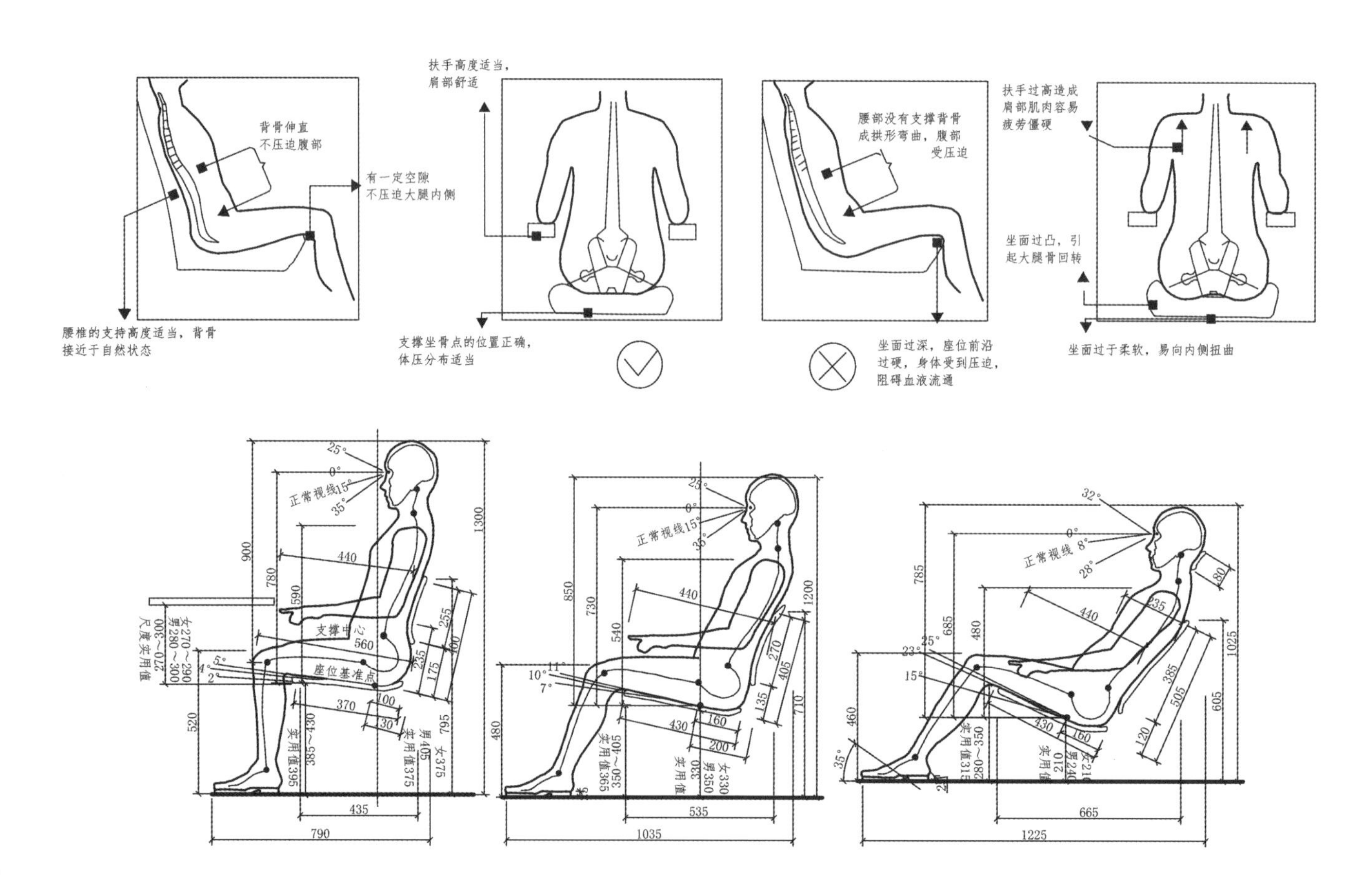

图3-16　椅子功能及支持面的标准形式

b. 休息椅

休息椅的设计重点在于使人体得到最大的舒适感，消除身体的紧张与疲劳。

c. 多功能椅

多功能椅的设计重点就是它可以与桌子配合使用，可以用于工作、休息，也可以作为能折叠的备用椅。

（2）坐具的基本尺度

一般坐具的品种有凳、靠背椅、扶手椅、圈椅等，它们既可用于工作，又可用于休息（图 3-18）。不同坐具的尺寸决定了入座时的舒适感。

a. 坐高

坐高是影响坐姿舒适程度的重要因素之一。过高或过低都会影响坐具的使用功能。坐面高度不合理会导致坐姿不正确，并且坐的时间稍久，就会使人体腰部产生疲劳感。有靠背坐椅的坐高既不宜过高，也不宜过低，它与人体在坐面上的体压分布有关。

b. 坐宽

坐椅的宽度根据人的坐姿及动作往往呈前宽后窄的形状，**坐面的前沿宽度称为坐前宽，后沿宽度称为坐后宽**。坐宽是为了满足臀部的尺度需求，一般应不小于人的臀部宽度，根据不同的坐具可设置为 380 ～ 460mm，软体坐具可设置为 450 ～ 500mm。

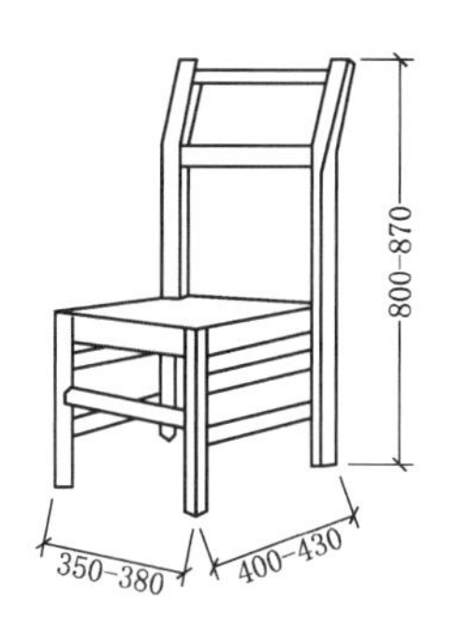

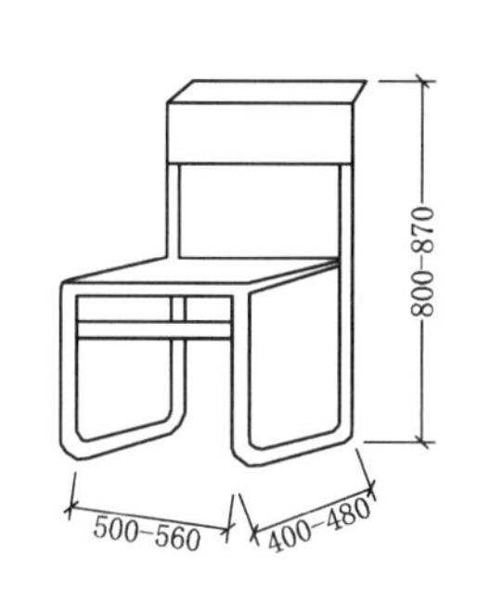

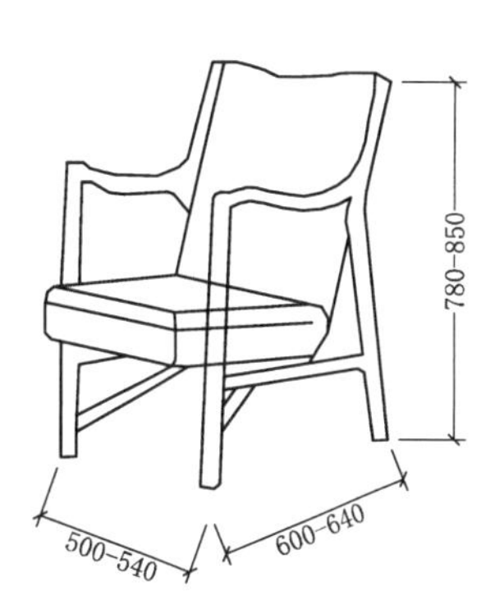

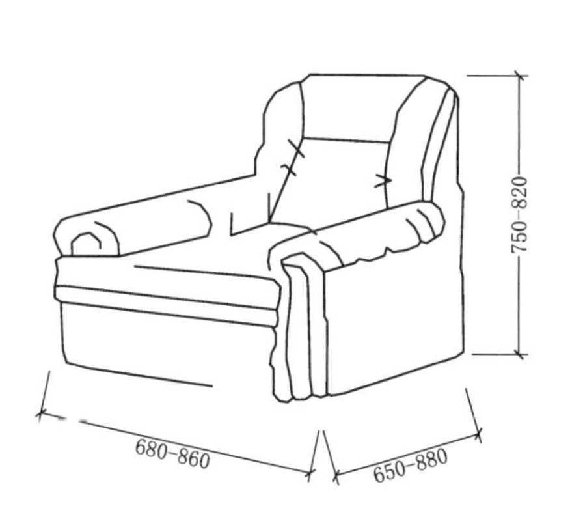

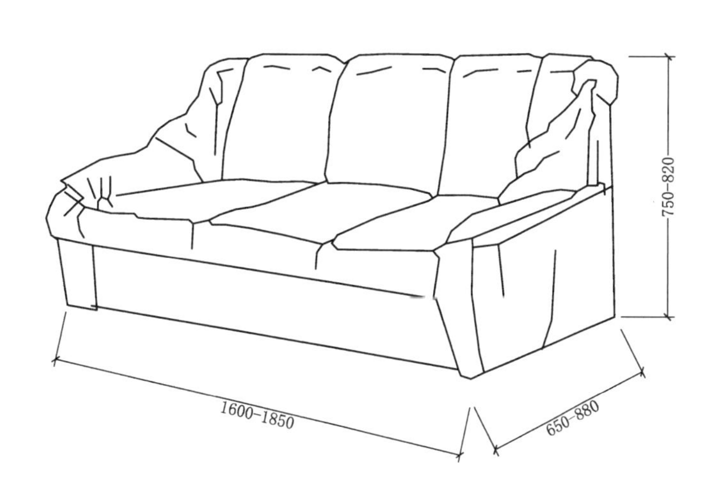

图 3-18　不同坐具的尺寸

图 3-19 平衡椅的使用

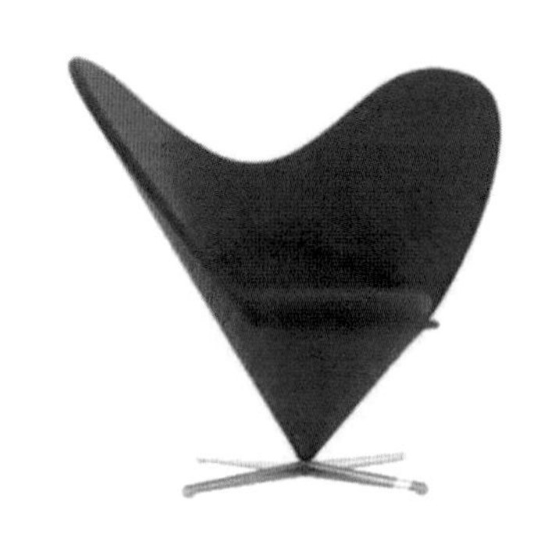

图 3-20 维纳·潘盾锥形椅

c. 坐深

坐深是指坐具的前沿至后沿的距离。 座椅的深度对人体坐姿的舒适度影响很大，通常坐深应小于人大腿的长度，一般不大于 420mm，软体坐具一般不大于 530mm。

（3）坐面斜度与靠背斜度

坐面斜度一般采用后倾式，坐平面与水平面之间的夹角以 3° ～ 6° 为宜，相对的椅背也向后斜（图 3-19、图 2-20）。从正常自然形态的脊柱和增加舒适感的角度上来说，靠背斜度为 115° 更为合适（表 3-2）。

表 3-2 座椅的角度值

使用功能要求	工作用椅	轻功作用椅	轻休息用椅	休息用椅	躺椅
坐面斜度	0° ～ 5°	5°	5° ～ 10°	1° ～ 15°	15° ～ 25°
靠背斜度	100°	105°	110°	110° ～ 115°	115° ～ 123°

（4）坐具扶手高度

坐具扶手的作用是减轻两臂的疲劳。 一般根据人在就座时，手臂自然屈臂的肘高与坐面的距离设置，高度在 250mm 左右。

（5）椅靠背的宽度与高度

人体背部脊柱处于自然形态时最舒适。一般要达到这一点，只有通过座椅的座面与靠背之间的角度、靠背的形状和适当的腰椎支持来实现。

2. 卧具

这里的卧具主要是指床。床的主要作用是让人们尽快进入睡眠状态，提供舒适的休息平台，才能消除一天的疲惫。因此，床与人体机能的关系很密切。

（1）卧具的设计原则

人在仰卧时的骨骼肌肉结构，不同于人体直立时的骨骼肌肉结构。人直立时，背部和臀部凸出腰椎 40 ～ 60mm，呈 S 形；而仰卧时，这部分差距减少至 20 ～ 30mm，腰椎接近伸直状态。

人起立时，各部分重量在重力方向相互叠加，垂直向下。但当人们躺下时，人体各部分重量相互平行，垂直向下，并且由于身体各部分的重量不同，其各部位的下沉量也不同，因此床的设计好坏以能最大限度地消除人的疲劳为评判标准。床的合理尺度要适应人体卧姿，使人体处于最佳的休息状态。

为了使体压得到合理的分布，床垫的软硬程度也是必要的考虑因素，现代家具中使用的床垫是解决体压分布问题的较理想的用具。它由三层组成，最上层与人体接触部分采用柔软材料，中层则采用较硬的材料，下层是承受压力的支撑部分，用具有弹性的钢丝弹簧制成。这种三层结构的床垫有利于人体保持自然良好的仰卧姿态，从而得到舒适的休息（图 3-21、图 3-22）。

（2）卧具的基本尺度

1）床宽

人的睡眠体验是否舒适与床的宽窄程度有关（图 3-23），根据日本学者研究结果显示，当床的宽度为 500mm 时，人的翻身次数减少 30%，且睡窄床的翻身次数比较少。一般以仰卧姿势作为床宽尺度确定的依据，单人床床宽通常为人体仰卧时肩宽的 2 ～ 2.5 倍，双人床床宽通常为人体仰卧时肩宽的 3 ～ 4 倍，成年男子平均肩宽为 410mm（以成年男子的肩宽为准），所以通常单人床的宽度不宜小于 800mm。

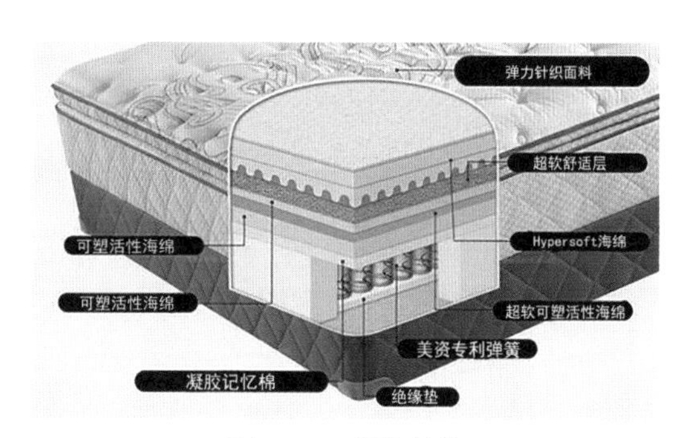

图 3-21　床垫结构

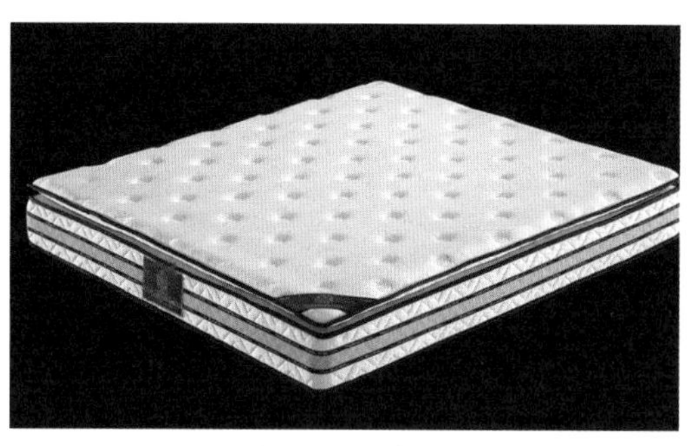
图 3-22　床垫

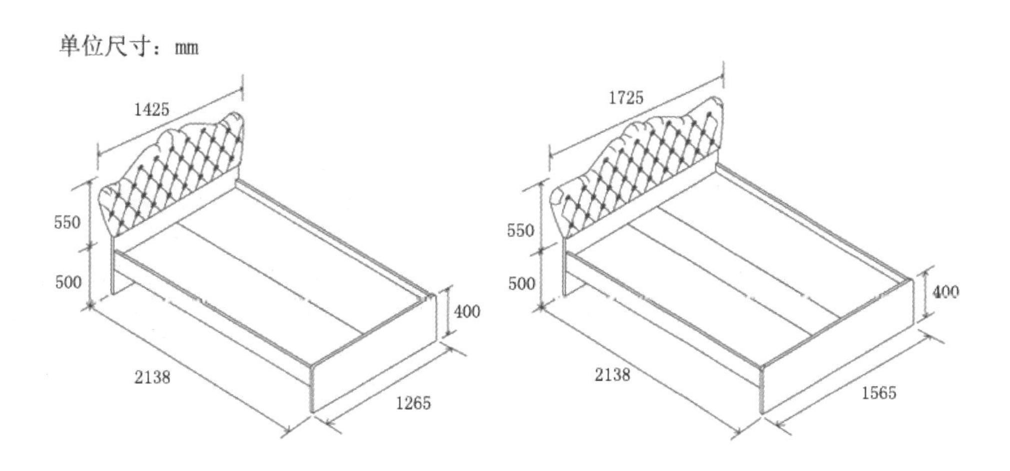

图 3-23　床的尺寸设计

2）床长

床的长度是指两床头屏板内或床架内的距离。为了能适应大部分人的身长，床的长度应以较高的人体作为标准设计，**床长 =1.05 倍身高 + 头顶余量（约 100mm）+ 脚下余量（约 50mm）**。

3）床高

床高是指床面距地面的高度，一般与椅座的高度一致，使床同时具有坐卧功能。考虑到人的穿衣、穿鞋等动作，一般床高为 400 ～ 500mm。双层床的层间净高必须保证下铺使用者在就寝和起床时有足够的活动空间，但又不能过高，过高会造成上下的不便及上层空间的不足（图 3-24）。按照国家标准 GB/T 3328—1997 的规定，双层床的底床铺面离地面高度应不大于 420mm，层间净高应不小于 960mm。

图 3-24　双层床

3. 桌子

桌子的种类很多，如课桌、餐桌、写字桌等（图 3-25、图 3-26）。这些家具一般是在适应站立状态下进行各种活动时提供相应的辅助条件，并兼作放置或贮藏物品，因此这类家具的尺度与人体动作有很大的关系。

（1）高度

桌子的高度与人体运动时的肌体形状有密切的关系。过高的桌子容易造成脊椎的侧弯和视力的下降，而且容易造成耸肩、肘低于桌面等不正确姿势，容易引起肌肉紧张，产生疲劳；桌子过低会造成人体脊椎弯曲扩大，造成驼背，腹部受压，妨碍呼吸运动和血液循环等疾病，背部的紧张收缩也容易引起疲劳。因此，**桌子的尺度应该与椅座高度保持一定的尺度配合关系**。

设计桌高时应该坚持先有椅再有桌的原则，先测量椅坐高，再根据人体桌高比例尺寸确定桌面与椅面的高度差，将两者相加即可。即：**桌高 = 坐高 + 桌椅高差**。

图 3-25　课桌

图 3-26　餐桌

（2）桌面尺寸

桌面的宽度和深度应该以人坐立时手可达到的水平工作范围以及桌面可能放置物品的类型为依据（图 3–27）。双人平行或双人对坐形式的桌子，桌面的尺寸应考虑双人动作幅度互不影响。对于阅读桌、课桌类的桌面，最好有约 15° 的倾斜角度，以便获取舒适的视阈和保持人体正确的姿势，因为当视线向下倾斜 60° 时，视线与桌面形成角度接近 90° ，文字在视网膜上的清晰度高，既便于书写，又使背部保持着较为正常的姿势，减少了弯腰与低头的动作，从而减轻了背部肌肉紧张和酸痛的现象。

4. 贮藏类家具

贮藏类家具是指收藏、整理日常生活中的衣物、消费品、书籍等的家具。根据存放物品的不同，可分为柜类和架类两种不同的形式。柜类有大衣柜、小衣柜、壁柜、书柜、床头柜、酒柜等；架类有书架、陈列架、食品架等（图 3–28、图 3–29）。

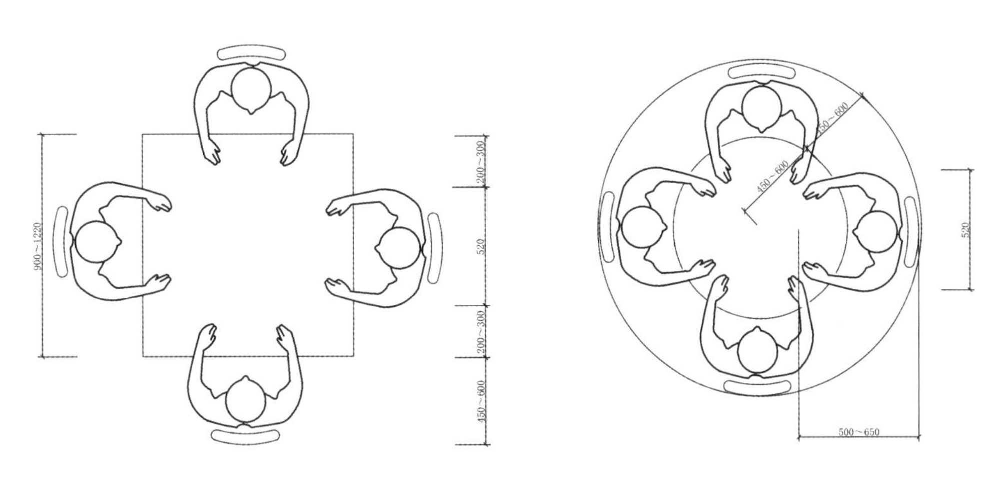

四人会议桌平面尺度

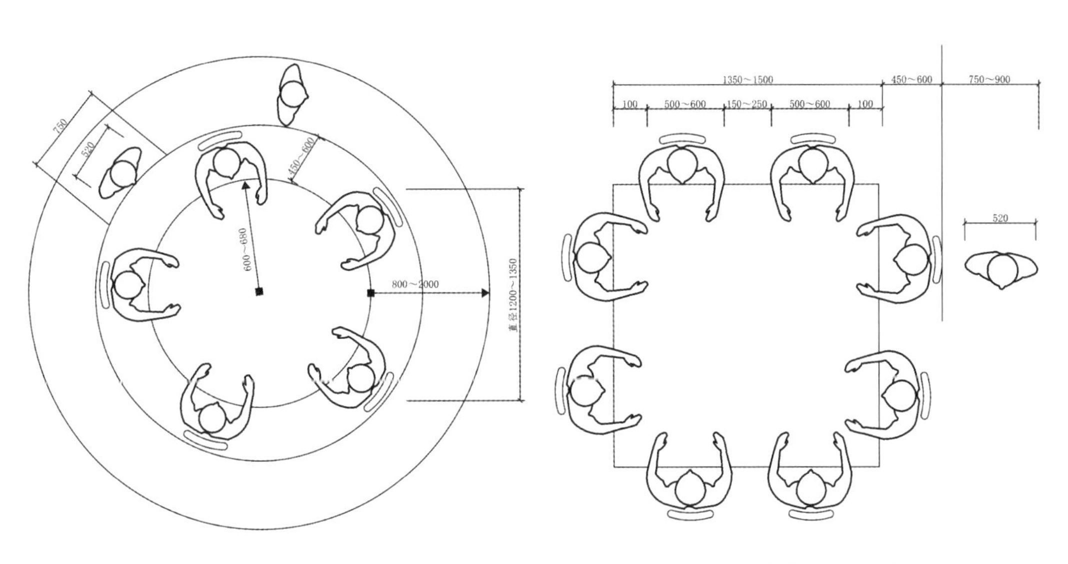

五人会议桌平面尺度　　八人会议桌平面尺度

图 3–27　符合人体工程学的办公会议桌面尺度

图 3-28　床头柜设计

图 3-29　酒柜设计

（1）设计要求

日常生活中，贮藏类家具都要按照人体工程学的原则，根据人体的操作活动和四肢的可及范围，或根据物品的使用频率来设计。

（2）设计尺寸

贮藏类家具应以女性的活动范围为参考，1820mm 的高度空间是贮藏类家具的最佳使用高度。以人肩为轴，上肢长度为动作半径的范围，高度定在 640 ～ 1820mm，是存取物品最方便、使用频率最高的区域，也是人的视线最易看到的视阈，在衣柜类家具设计中，此空间最好设置挂衣区，叠放区；另外，从地面至人站立时手臂下垂指尖的垂直距离，即 640mm 以下的区域，该区域存贮不便，人必须蹲下操作，一般存放较重或不常用的物品，在衣柜类家具设计中，此空间通常设计为箱包区或者挂裤区（图 3-30、图 3-31）。

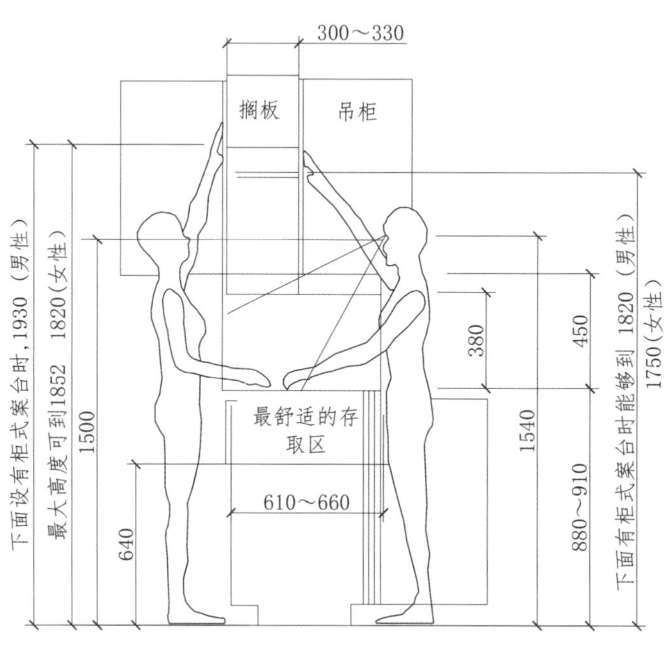

图 3-30　符合人体工程学的橱柜设计

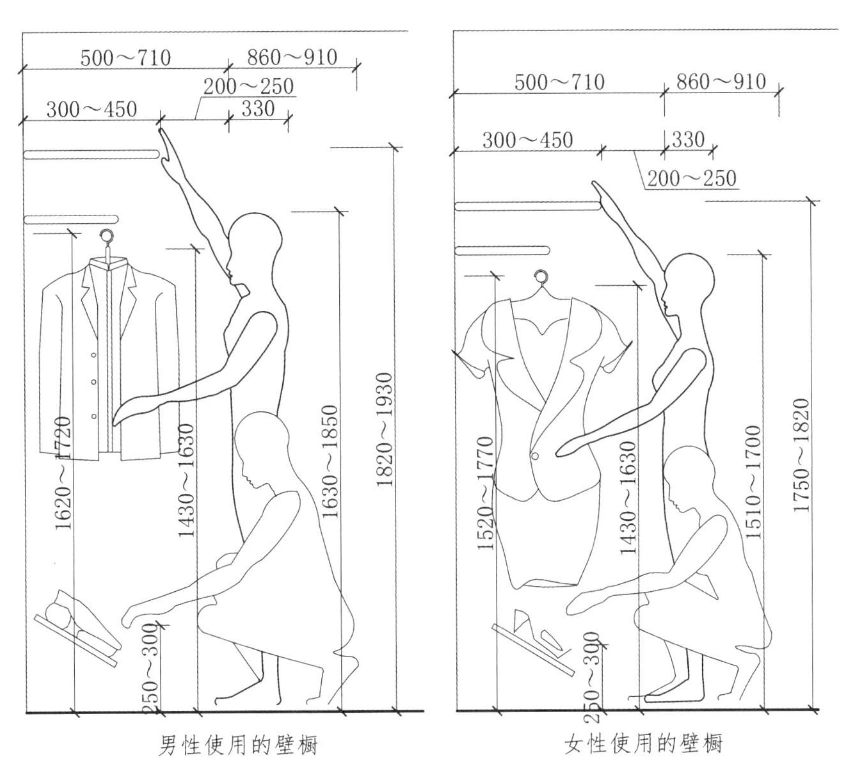

图 3-31　符合人体工程学的壁橱设计

第三节
家具设计与室内环境

一、室内环境塑造原则

室内环境塑造应把握以下原则：格局流线顺畅，灯光、色彩搭配和谐，家具陈设与空间格调统一，这样才能设计出功能性与装饰性互为完美的室内环境空间。除了把设计重心放在光线和色彩的变化处理上之外，家具与室内环境的搭配也不容忽视。所选用的家具除了注重功能性之外，还必须与各个空间的形式、材料和色彩保持一致，如此才能使两个相关性极强的空间在格调上趋于统一。

人们在室内空间中接触最多的是家具，因此家具担负了服务和美化我们生活的任务。一件家具首先要满足其使用功能，才能对其造型、色彩等进行艺术设计，给人们带来美的享受。

二、家具类型和室内设计的和谐统一

家具的种类是区分功能空间的显著标志，它受空间环境的制约，根据空间环境提出不同的要求。家庭公共生活行为与公共生活空间所需的家具，是供家庭成员团聚、会客、娱乐视听、餐饮等所用的家具类型。公共生活空间代表了家庭的文化特色，反映了家庭的共同生活习惯，也是面向社会的交往空间，而家具在此发挥了营

在室内设计中，家具设计不仅是室内设计的深化设计，而且必须针对室内环境提供的空间属性、使用要求、装饰风格等进行进一步的设计与完善。

造气氛的主要作用。

不同的文化背景会对人们的兴趣、爱好、艺术取向和审美观产生影响，因而也会对室内空间环境的设计产生决定性的影响。如果喜欢传统文化背景的室内设计，那么所用的装饰材料就应以木质材料为主，室内则用古典中式家具进行布置；如果追求时尚，所用装饰材料就以塑料、金属等现代材料为主，室内则用现代简洁家具进行布置（图 3-32、图 3-33）。

如宫殿是庄严肃穆、金碧辉煌的；普通民居是淳朴自然、不事雕琢的。家具的布置讲究方整、规则、对称，形成与社会等级相符的特定的室内气氛。而在时尚的咖啡店里我们可以感受到悠闲随意的气氛，那里的桌子椅子是自然的、懒洋洋的。在高雅的西餐厅里，桌椅的造型是体面的、优雅的，一切都布置得有条不紊；而在豪华的贵宾套房里，无论是柜子、床、沙发都是高贵大方，很有体量感。这都充分说明了家具和室内风格必须匹配。

三、家具功能的弥补和完善

室内设计中由于空间界面的确定，而造成的功能不足可由家具来弥补。一个大的室内空间，往往根据需要划分出一些小空间，利用家具划分空间是空间划分中最灵活的方式之一。如屏风是中国传统建筑室内空间分隔的主要手段，一直沿用到现在。室内设计中首先要确定家具在空间中的主要使用功能，次要的辅助功能也不能忽略，如在大型购物环境中椅子的设置。购物环境下的室内设计只要完成货架、展台、收银台和储物柜等的设计，环境的主要功能便已确定。如今的购物环境并不单纯用于购物，它也是休闲和娱乐的场所。

图 3-32　酒店内的家具

图 3-33　西餐厅内的家具

家具在室内设计中的重要性

小／贴／士

设计、选择以及布置家具是室内设计的重要内容，因为家具是室内的主要陈设物，也是室内的主要功能物品。在起居室、客厅、办公室等场所，家具占地面积为室内面积的30%～40%，房间面积较小时，家具占地率甚至高达50%以上，而在餐厅、剧场、食堂等公共场所，家具占地面积更大，所以室内气氛在很大程度上被家具的造型、色彩、肌理、风格所制约。

家具必须服从室内设计的要求，是室内一大组成部分，要为烘托室内气氛、营造室内某种特定的意境服务。家具的华丽或纯朴，精致或粗犷，秀雅或雄奇，古典或摩登都必须与室内气氛相协调，而不能孤立地表现自己，置室内环境而不顾。否则就会破坏室内气氛，违反设计的总体要求。同时还必须认识到家具在室内多种功能的发挥。家具在室内可以作为灵活隔断来分隔空间，通过家具的布置，可以组织人们在室内的活动路线，划分不同性质或功能的区域。而家具的这些功能的发挥也都是由室内设计的总体要求决定的。

第四节
案例分析

一、休闲组合椅

由深棕色的实木椅脚和厚实的灰色椅垫组成的坐椅，设计感十足且十分休闲。灰色和深棕色的搭配看起来严肃但不沉重，能让人沉静下来。椅垫使用软体沙发，久坐不变形，依附在硬的木质椅脚上，提高了使用的效率。椅脚分别向外伸展，加固了稳定性，宽厚的坐垫及靠背连为一体，增添了使用时的舒适感，吸引着人们想要体验一番（图3-34～图3-37）。

图3-34　休闲组合椅（一）

图3-35　休闲组合椅（二）

图3-36　休闲组合椅（三）

图3-37　休闲组合椅（四）

二、办公摇椅

“Y”字形椅背，不仅能承托上背部压力、减少腰部受力，也起到了加固的作用，延长使用寿命。其可调节的护颈头枕，贴合人的头部。自适应人体工学扶手在人靠向背后时自动展开，收起时扶手自动收起，能更好地支撑手臂。座椅外部由亲肤绒布包裹，不仅拥有很好的使用感，且绒布表面布满出气孔，久坐不闷。椅轮采用软 PU 包裹，防滑静音，不会损坏地板（图 3-38 ～图 3-41）。

图 3-38　办公摇椅（一）

图 3-39　办公摇椅（二）

图 3-40　办公摇椅（三）

图 3-41　办公摇椅（四）

三、书桌柜

白色的搭配一直是设计中的经典搭配，以不变应万变。简约而不简单的设计，可以随心所欲地摆放，高档时尚的设计理念，让整个书房充满时尚高雅的气息。书桌精工细作，每一面都展现圆润光滑的圆角，采用先进的烤漆技术，漆面硬度好，有很好的反光效果。三大抽屉加层板的设计，海量储存空间让生活更便捷，抽屉内部配有布纹，有防霉、防潮、耐刮的作用（图 3-42 ～图 3-45）。

图 3-42　书桌柜（一）

图 3-43　书桌柜（二）

图 3-44　书桌柜（三）

图 3-45　书桌柜（四）

本/章/小/结

本章分节介绍了家具设计的风格，家具设计与人体工程学和室内环境的关系，对不同类型家具的尺寸和不同室内环境做出了分析和归纳。在实际运用中，需注意不同家具的比例与尺寸，不合适的比例会造成使用者身体的不适甚至是骨骼的病变。此外，在设计中应注意把握好设计风格与室内环境的关系，力求达到相互依存，和谐统一。

思考与练习

1. 家具设计有哪些风格?

2. 人体工程学在家具设计中的重要性有哪些?

3. 室内环境塑造的原则是什么？家具与室内环境有什么关系?

4. 结合文中知识点，设计一种独特的家具。

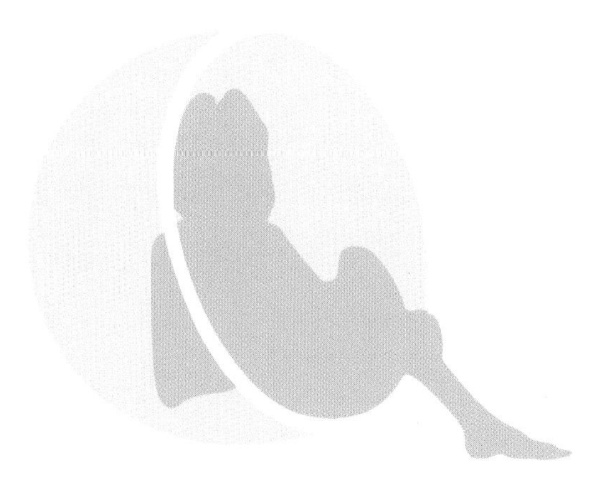

第四章

家具设计的内容与程序

学习难度：★★★☆☆

重点概念：概念设计　造型　色彩　设计原则　设计程序

章节导读

设计的方法主要是指设计的创意和设计师的创造力。创意是第一位的，是家具设计的切入点，因为家具形态设计不应该在固有和模式化的思维状态下进行，在好的创意指导下，配合设计师出众的创造能力才会设计出最佳的作品。设计的过程是有目的、有计划、按次序展开的，整个过程相互交错，循环反复。本章通过讲解家具设计的内容和程序让读者深入了解家具设计。

第一节 家具概念设计

一、家具产品概念设计

家具产品的概念设计是指考虑包括功能、结构、人机工程以及制造因素在内的产品外观形态的设计，其目标是获得最佳的产品形式或者形状（图 4-1、图 4-2）。

广义上的概念设计是指从产品的需求分析起，到详细设计之前这一阶段的设计过程。它主要包括原理设计、功能设计、初步的结构设计、人机工程学设计、造型设计等几部分。这几个部分虽存在一定的阶段性和相互独立性，但在实际的设计过程中，由于设计类型的不同，往往具有侧重性，而且互相依赖，相互影响。

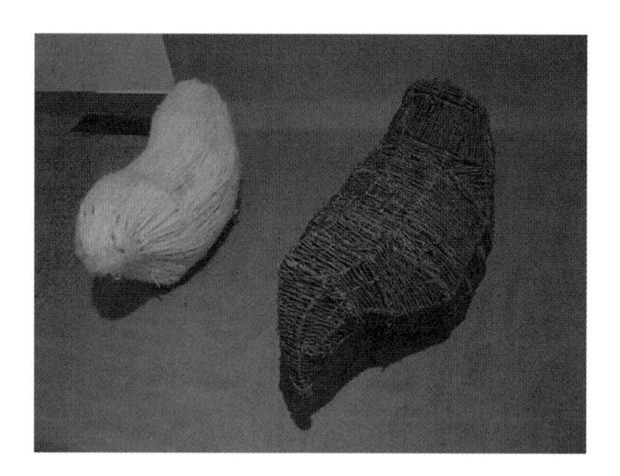

图 4-1　概念设计——《蚕茧》

图 4-2　概念设计——《纸凳》

概念设计是产品设计过程中一个非常重要的阶段。产品的市场定位，产品的功能定位，产品的形态描述以及产品的材料、结构和工艺的选择，甚至营销和服务的策划均可纳入产品概念设计。

这一阶段的工作高度地体现了设计的艺术性、创造性、综合性以及设计师的能力。实践证明，一旦概念设计被确定，产品设计的 60% ～ 70% 也就被确定了，概念设计如果出现问题，在详细设计阶段将很难或不能纠正概念设计中产品的缺陷。然而，概念设计阶段所花费的成本和时间在总的开发成本和设计周期中所占的比例通常都在 20% 以下。

二、概念设计师设计思想的物化

家具产品概念设计常常从某一理念出发，并围绕着这一理念展开，论述该命题中所包含的各种关系来阐述这一设计理念，家具产品的概念设计是一种技术探索，发现新产品开发所必须解决的主要技术问题。

家具产品概念设计是一种宣传形式，用来为将要推出的产品造势。家具产品的概念设计是一种市场探索，检验企业将要开发的产品的市场前景，为产品开发探求方向。家具产品概念设计内容以宏观要素为主，不要求一定要深化到具体的技术细节（图 4-3、图 4-4）。家具产品概念设

图 4-3　家具展销会

图 4-4　家具展览会

计是一种学术活动，关于设计的学术交流可能以多种形式出现，其中对涉及理论的理解和论述，针对设计作品的交流与批评是主要形式之一。

三、家具概念设计的技巧

将产品对应市场的需要找出了产品定位，还需要进一步的寻找产品概念。寻找的产品概念不能够脱离市场而独立存在，要在符合市场的前提下考虑自己的产品特点。从产品形式上寻找是否占有优势；从产品类别上看是否具备竞争能力；从产品的利益点上看是否最合适消费者；从产品的价格上看产品的性价比如何，总之，需要依据大量的资源进行对比。

概念设计的关键在于概念的提出与运用两个方面，具体来讲，它包括了设计前期的策划准备；技术及可行性的论证；文化意义的思考；地域特征的研究；客户及市场调研；设计概念的提出及讨论；设计概念的扩大化；概念的表达；概念设计的评审等诸多步骤。在进行了前面的深入分析之后，设计者必定会产生若干关于整个设计的构思和想法，而且这些构思和想法都是来源于对设计客体的感性思维，我们便可以遵循综合、抽象、概括、归纳的思维方法将这些想法分类，找出其中的内在关联，进行设计的定位，从而形成设计概念。

设计师的概念设计与难以预料的市场变化有较大差距，如何缩短这一差距，是以往概念设计者面临的难题。

小贴士

产品造型设计的限制

产品造型设计如果单独作为一种造型活动，严格来说是没有限制的，但作为一种与产品造型设计有关的设计活动，其设计就有了相应的限制，主要包含形态限制、材料限制、技术限制、成本限制、市场限制。

第二节
家具造型形态构成

家具设计已经成为一场全球经济一体化的激烈竞争，如何在这场竞争中赢得市场，生产出受到市场欢迎的高附加值的家具产品，家具造型设计是实现这一目标的主要手段之一。

一件好家具，应该是在造型设计的统领下，将使用功能、材料与结构完美统一的结果。要设计出完美的家具造型形象，就需要我们了解和掌握一些造型的基本要素、构成方法，包括点、线、面、体、色彩等基本要素，并按照一定的法则去设计美的家具造型形象。

一、造型形态

“形态就是型的模样”，所谓“型”就是人们所能感受到的物体的样子。在进行家具设计时必须很好地了解形态的概念（图 4-5）。

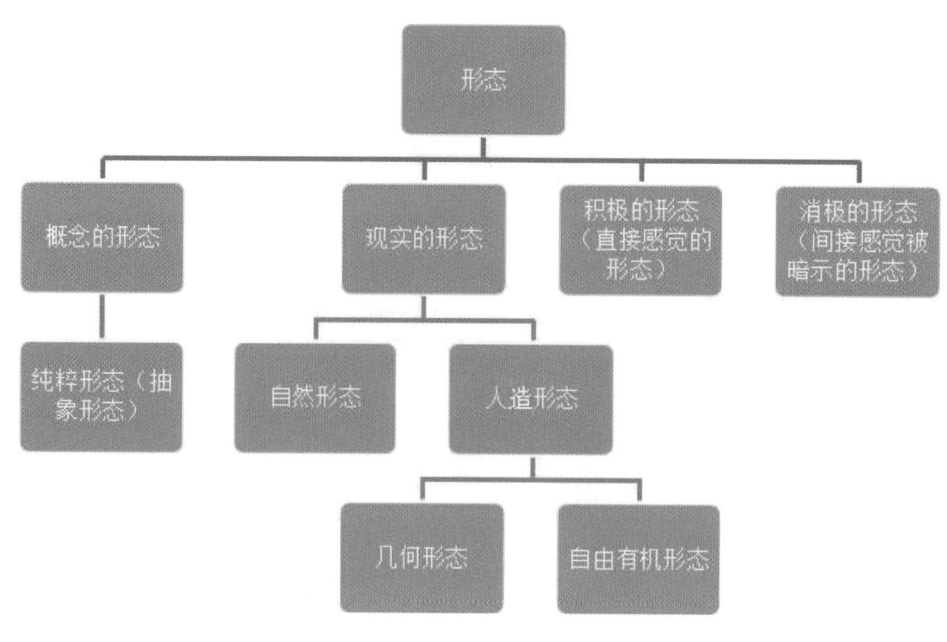

图 4-5　形态的构成

概念形态是家具设计师进行设计思维和图形设计中的基本语言，概念形态的系列构成和几何学里一样，以点、线、面、体作为概念形态的基本形式，其几何定义见下表（表 4-1）：

表 4-1　点、线、面、体的基本形态

动的定义	点	线	面	体
	只有位置，没有大小	点运动的轨迹	线运动的轨迹	面运动的轨迹
静的定义	点	线	面	体
	线的界限或交叉	面的界限或交叉	立体界限或交叉	物体占有的空间

家具形态创意的难度在于要求设计师具有多元化的思维模式，以创造为核心，将逻辑思维与形象思维有机地融合在一起。

家具的形态设计是为实现企业形象，统一识别目标的具体表现。它是以产品设计为核心而展开的系统形象设计，塑造和传播企业形象，显示企业个性，创造品牌，赢利于激烈的市场竞争中。产品形象的系统评价基于产品形象内部和外部评价因素，应用系统和科学的评价方法去解决形象评价中错综复杂的问题，为产品形象设计提供理论依据。

要从基本的形态出发去塑造出多变的形态，是形态设计的精髓。开拓家具形态，是在家具形象的设计中从多视觉，多视点上以创造的形态观进行多重塑造。概念形态是现实形状舍去种种属性之后剩下来的基本构成元素，所以研究概念形态的基本要素，并在家具造型设计中充分运用它们是非常必要的。下面就概念形态的点、线、面、体四个基本要素结合家具造型加以论述。

二、点的形态构成

“点”是形态构成中最基本的构成单位。在几何学里，点的理性概念形态是无大小、无方向、静态的，只有位置（图

4-6、图 4-7）。而在家具造型设计中，点是有大小、方向甚至有体积、色彩、肌理质感的，在视觉与装饰上产生亮点、焦点、中心的效果。在家具与建筑室内的整体环境中，凡相对于整体和背景比较少的形体都可称之为点。例如：一组沙发与茶几的家具组合形式，一个造型独特的落地灯就成为这个局部环境中的装饰要点。

点在家具造型中的应用非常广泛，它不仅是功能结构的必需品，也是装饰构成的一部分。如柜门、抽屉拉手，门把手，软体家具上的包扣与泡钉，以及家具的五金装饰配件等（图 4-8、图 4-9），相对于整体家具而言，它们都以点的形态特征呈现，是家具造型设计中常用的功能性附件。在家具造型设计中，借助于“点”的各种表现特征，加以适当运用，能取得很好的效果。

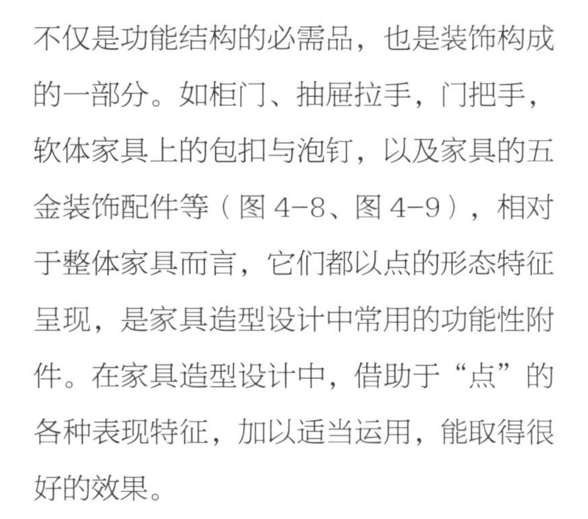

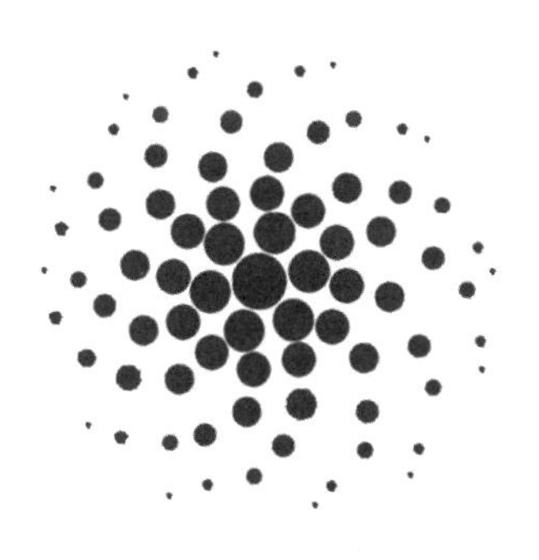

图 4-6　点的构成（一）

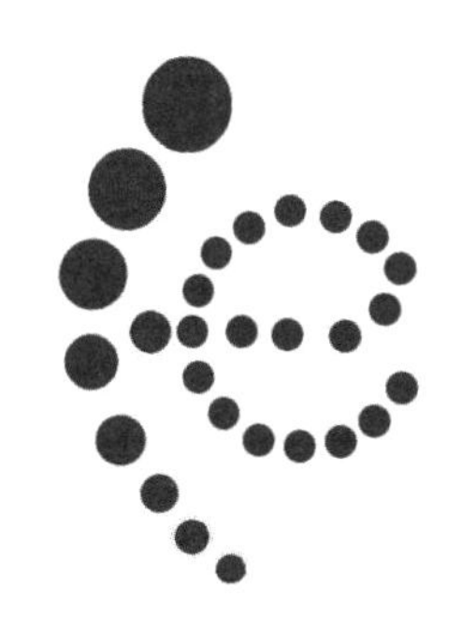

图 4-7　点的构成（二）

三、线的形态构成

在几何学的定义里，线是点移动的轨迹（图 4-10），线是构成一切物体的轮廓开头的基本要素。线的形状可以分为直线系和曲线系两大体系，二者的结合共同构成一切造型形象的基本要素。在造型设计上各类物体所包括的面及立体图形，都可用线表现出来，线条的运用在造型设计中处于主宰地位，线条是造型艺术设计的灵魂。线的曲直运动和空间构成能表现出所有的家具造型形态，并表达出情感与美感、气势与力度、个性与风格。

1. 线条的表情

线的表现特征主要随线型的长度、粗细、状态和运动位置的不同有所不同，

图 4-8　点的应用（一）

图 4-9　点的应用（二）

图 4-10　线条的构成

从而在人们的视觉心理上产生了不同的感觉，并赋予其各种个性。直线的表情一般有严格、单纯、富有逻辑性的阳刚之感。

（1）垂直线

垂直线具有上升、严肃、高耸、端正及支持感，在家具设计中着力强调垂直线条，能让人产生进取、庄重、超越的感觉。

（2）水平线

水平线具有左右扩展、开阔、平静、安定感。水平线为一切造型的基础线，在家具造型中利用水平线划分立面，强调家具与大地之间的关系。

（3）斜线

斜线具有散射、突破、活动、变化及不安定感。在家具设计中应合理使用斜线，达到静中有动、变化而又统一的效果。

2. 线条的应用

家具造型构成的线条有三种：一是纯直线构成的家具；二是纯曲线构成的家具；三是直线与曲线结合构成的家具。线条决定着家具的造型（图 4-11、图 4-12），不同的线条构成了千变万化的造型式样和风格。

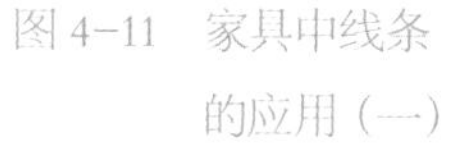

图 4-11　家具中线条的应用（一）

图 4-12　家具中线条的应用（二）

小/贴/士

曲线的表情

曲线由于其长度、粗细、形态的不同给人不同的感觉。通常曲线具有优雅、愉悦、柔和而富有变化的感觉，象征女性丰满、圆润的特点，也象征着自然界的春风、流水、彩云。

1. 几何曲线，给人以理智、明快之感。

2. 弧线，圆弧线有充实饱满之感，而椭圆体还有柔软之感。

3. 抛物线，有流线型的速度之感。

4. 双曲线，有对称美的平衡的流动感。

5. 螺旋曲线，有等差和等比两种，最富于美感和趣味的曲线。并具有渐变的韵律感。大自然中最美的天工造化之物鹦鹉螺就是由渐变的螺旋曲线与涡形曲线结合构成的。

6. 自由曲线，有奔放、自由、丰富、华丽之感。

四、面的形态构成

面是由点的扩大、线的移动而形成的，面具有二维空间（长度和宽度）的特点。面可分为平面与曲面，平面有垂直面，水平面与斜面；曲面有几何曲面与自由曲面。不同形状的面具有不同的情感特征，正方形、正三角形、圆形具有简洁、明确、秩序的美感。多面形是一种不确定的平面形，边越多越接近曲面，曲面形具有温和、柔软、亲切和动感，软体家具、壳体家具多用曲面线。

除了形状外，在家具中的面的形状还具有材质、肌理颜色的特性，在视觉、触觉上产生不同的感觉以及声学上的特性。面是家具造型设计中的重要构成因素，所有的人造板材都是面的形态，有了面的家具才具有实用的功能并构成形体。在家具造型设计中，我们可以灵活恰当地运用各种不同形状、不同方向的面的组合，以构成不同风格、不同样式的丰富多彩的家具造型（图 4-13 ～图 4-15）。

图 4-13　几何图形家具（一）

图 4-14　几何图形家具（二）

图 4-15　家具中的面

五、体的形态构成

按几何学定义，体是面移动的轨迹，在造型设计中，体是由面围合起来所构成的三维空间（具有高度、深度及宽度）。体有几何体和非几何体两大类。几何体有正方体、长方体、圆柱体、圆锥体、三棱锥体、球形等形态；非几何体一般指一切不规则的形体。在家具造型设计中，正方体和长方体是应用最广的形态，如桌、椅、凳、柜等。

在家具形体造型中有实体和虚体之分，实体和虚体给人心理上的感受是不同的。虚体（由面状线材所围合的虚空间）使人感到通透、轻快、空灵而具透明感，而实体（由体块直接构成实空间）给人以重量、稳固、封固、封闭、围合性强的感受（图 4-16）。

在家具设计中要充分注意体块的虚实处理给造型设计带来的丰富变化。同时在家具造型中多为各种不同形状的立体组合构成的复合形体，在家具的立体造型中凹凸、虚实、光影、开合等手法的综合应用犹如画家手中的七彩颜料一样，可以搭配出千变万化的家具造型。

六、家具造型设计的意义

现代家具设计是工业革命后的产物，它随着科技与时代向前迅速发展，特别是随着信息时代来临，现代家具的设计早已超越单纯实用的价值，更多新的构形，更加体贴人性和蕴含人文，更加智能化的家具的产生，使家具设计师更多地把创新的焦点集中在家具造型的概念设计方面，尽量使家具的造型具有前卫性和时代感，更加注重造型的线条构成及结构，颜色的运用也更加大胆，材料的应用组合更多，造

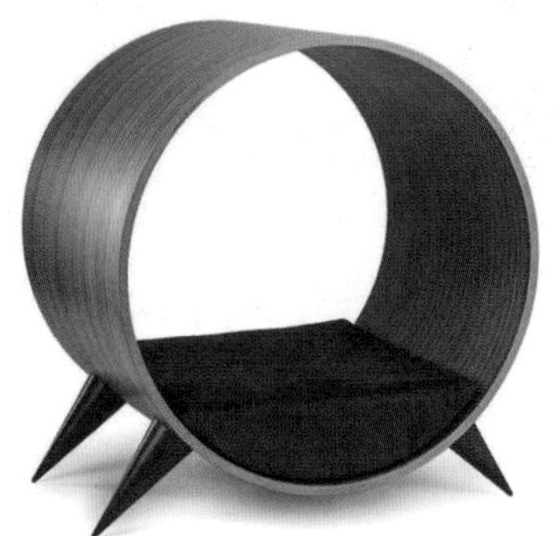

图 4-16　家具形体中的实体与虚体

型可谓千变万化。

正是由于现代家具的迅猛发展，使20世纪80—90年代家具设计的变化就已超越了19世纪。此前，18—19世纪的巴洛克和洛可可风格的家具和我国的明清家具曾流行了数百年。今天，家具新产品的设计开发速度越来越快，从家具设计、开发、投产到市场销售可能只有一两年甚至几个月的时间，周期结束后就面临被市场淘汰的命运。

随着生活观念、科学技术的变化，现代家具的造型设计也发生着变化，我们只有不断创新和超越，关注家具造型设计的人文内涵，关注当代的文化背景，注重家具形态的情感表征意义，将高科技与人体工程学要求、民族性与国际化、小批量与多品种、简练与豪华、理性与感性、大众化与个性化等各种因素完美地结合，应用各种设计手段才能掌握现代家具造型设计的方法。

第三节
家具色彩设计

家具的色彩已成为家具市场竞争的重要因素，有时候甚至是决定性因素，影响到家具的市场生命。色彩变化发展的规律是由简单走向复杂，由低级走向高级，同时又像色相环一样循环变化（图4-17、图4-18）。

一、色彩基本知识

1. 原色

物体的颜色是多种多样的，除了极少数颜色外，大多数都能以红、黄、蓝三种色彩调配出来。但是**这三种色却不能用其他的颜色来调配，因此这三种色统称为原色或第一次色**。

2. 间色

间色是由两种原色调配而成的颜色，也称为第二次色，共有三种，即：红+

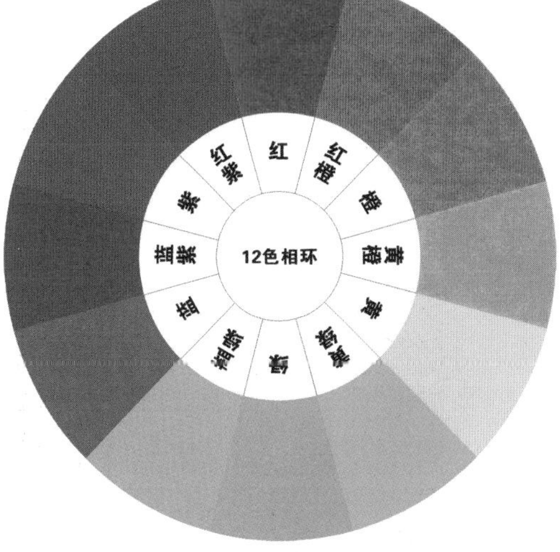

图4-17　12色相环

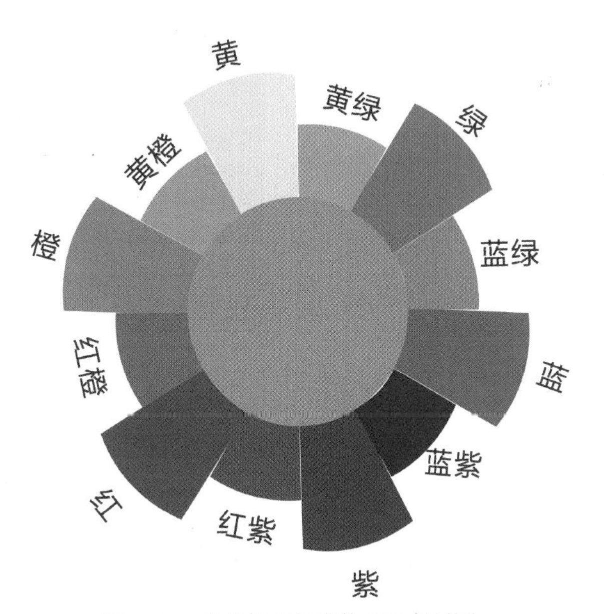

图4-18　色彩搭配标准体CSS矢量图

黄 = 橙，黄 + 蓝 = 绿，红 + 蓝 = 紫（图 4-19）。

3. 复色

复色是指由两种间色调配置而成的颜色，也称为第三次色，主要复色有三种，即：橙 + 绿 = 橙绿，橙 + 紫 = 橙紫，紫 + 绿 = 紫绿。

每一种复色中都同时含有红、黄、蓝三原色，因此，复色也可以理解成为是由一种原色和不包含这种原色的间色所调成的。不断改变三原色在复色中所占比例数，可以调成很多的复色。与原色和间色相比较，复色比较浑浊，因为它含有灰色（图 4-20、图 4-21）。

4. 补色

一种原色与另外两种原色调成的间色互称补色与对比色。如红与绿（黄 + 蓝），黄与紫（红 + 蓝），青与橙（红 + 黄）。

图 4-19　色光三原色与三间色

从十二色相的色环看，处于相对位置和基本相对位置的色彩都有一定的对比性，以红色为例，它不仅与处在它对面的绿色互为补色，具有明显的对比性，还与绿色两侧的黄绿和蓝绿构成补色关系，表现出一定的冷暖、明暗对比关系。补色并列，相互排斥，对比强烈，能够取得活泼、跳跃的效果。

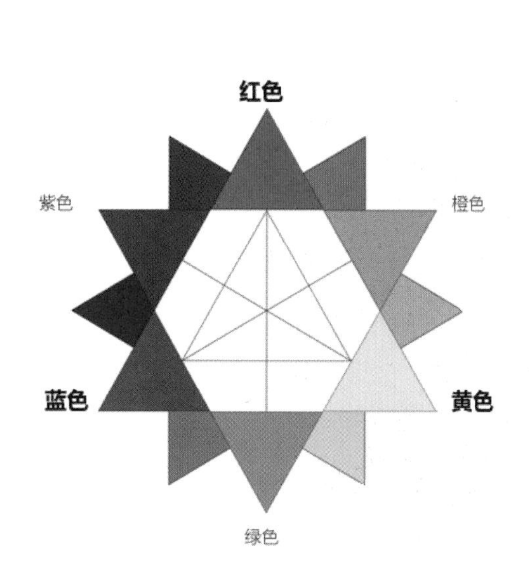

图 4-20　复色组合

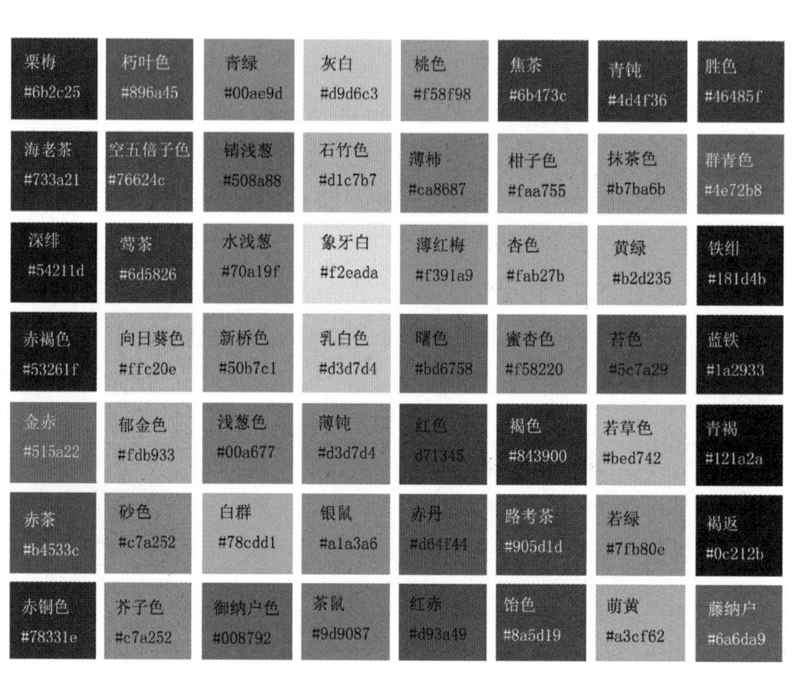

图 4-21　其他复色

二、色立体

为了认识、研究与应用色彩，**人们将千变万化的色彩按照它们各自的特性，按一定的规律和秩序排列，并加以命名，称之为色彩的体系**（图 4-22 ～图 4-24）。

色彩体系的建立，对于研究色彩的标准化、科学化、系统化以及实际应用都具有重要价值，它可使人们更清楚、更标准化地理解色彩，更确切地把握色彩的分类和组织。具体来说，色彩的体系就是将色彩按照其三属性，有秩序地进行整理、分类而组成有系统的色彩体系。

1. 色立体的组成

色立体，其色相环主要由 10 个色相组成：红（R）、黄（Y）、绿（G）、蓝（B）、紫（P）以及它们相互的间色橙（YR）、黄绿（GY）、蓝绿（BG）、蓝紫（PB）、红紫（RP）。R 与 RP 间为 RP+R，RP 与 P 间为 P+RP，P 与 PB 间为 PB+P，PB 与 B 间为 B+PB，B 与 BG 间为 BG+B，BG 与 G 间为 G+BG，G 与 GY 间为 GY+G，GY 与 Y 间为 Y+GY，Y 与 YR 间为 YR+Y，YR 与 R 间为

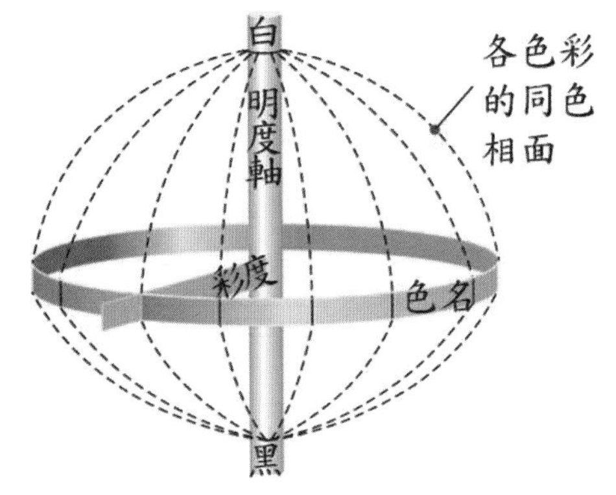

图 4-22 色立体的基本结构

R+YR。

2. 孟塞尔色立体

孟塞尔色立体是由美国教育家、色彩学家、美术家孟塞尔创立的色彩表示法。他的表示法是以色彩的三要素为基础。色相称为 Hue，缩写为 H，明度称为 Value，缩写为 V，纯度为 Chroma，缩写为 C。

色相环是以红（R）、黄（Y）、绿（G）、蓝（B）、紫（P）心理五原色为基础，再加上它们的中间色相，即橙（YR）、黄绿（GY）、蓝绿（BG）、蓝紫（PB）、红紫（RP）成为 10 色相。再把每一个色相详细分为 10 等分，以各色相中央第 5 号为各色相代表，色相总数为一百。如 5R 为红，5YR 为橙，5Y 为黄等。每种摹

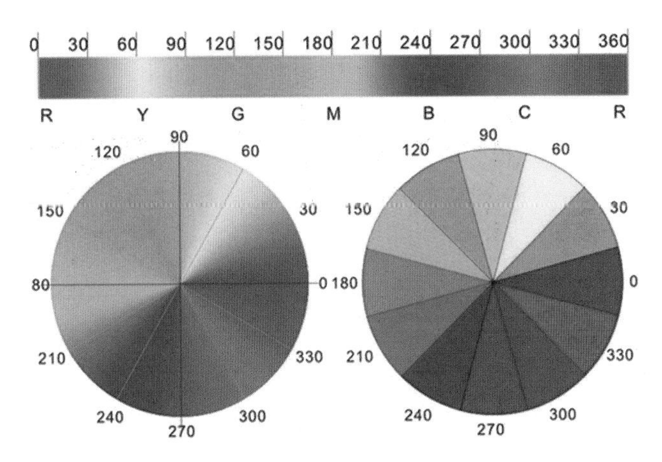

图 4-23 色彩展示

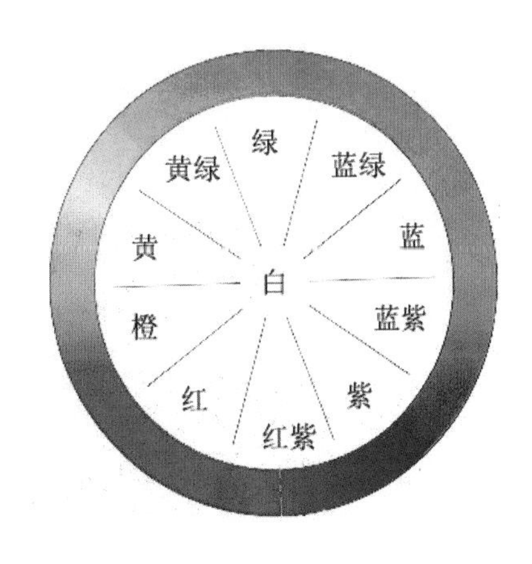

图 4-24 色立体色相环

本色取2.5、5、7.5、10，共4个色相，共计40个色相，在色相环上相对的两色为互补关系。

第四节
家具的色彩表达

一、家具设计色彩表达

由于人们对于家具的选择除了使用性和舒适度的要求外，还要求它的整洁性，这就可以利用家具设计时的色彩来满足。我们可以选用表现清洁卫生的浅色来表现其整洁性。在西方的家具设计中，如北欧的简约风格家具设计，它的色彩素雅、静穆，追求一种单纯、宁静之美，像这样的表现家具的设计风格主要是依赖于材料、功能与色彩的搭配。

（1）绿色

绿色是代表安静的颜色，适合用于卧室的装饰。纯绿色最为安静；淡蓝绿虽较为冷漠，但是给人很清新的感觉（图4-25）。

（2）棕色

棕色是土地及木材的颜色，它能够给人以安全、亲切的感觉，还能取得舒适、温和的效果。在居室内摆放棕色的家具可以更容易使人体会到家的感觉，棕色也是地板的理想选择，给人以平稳的感觉（图4-26）。

（3）红色

红色能够带来勃勃生气的感觉，要想使居室内变得更加热烈和欢快，可以考虑使用红色的家具来装饰，但是长时间的处在红色的环境中容易导致视觉疲劳（图4-27）。

图4-25　绿色的装饰清新宁静

图4-26　棕色的柜子让人感觉亲切

图4-27　红色的沙发热情洋溢

图4-28　橘黄色的床铺显得活泼

图 4-29　白色的橱柜简洁大方，但太单调

图 4-30　黑色的床头柜显得稳重，但太压抑

图 4-31　黑白家具组合，时尚经典

（4）橘黄色

橘黄色是一种代表着大胆、冒险的颜色，它属于较为花哨的颜色，但同时它也标志着活力、活泼，给人以振奋的感觉（图 4-28）。

（5）黑色和白色

黑色和白色给人的感觉是严肃、谨慎、整洁，在现代的家具设计中黑色和白色运用得较多。单用白色，虽然视觉效果较为清爽，但给人感觉却过于单调；单用黑色，虽然有一种稳重感，但又过于阴暗。所以在家具设计的色彩运用时，要黑、白相互搭配进行，经典与时尚已成为黑白搭配的形容词，这两种颜色的组合更是被誉为永不过时的潮流色彩（图 4-29 ～图 4-31）。

小/贴/士

色彩表达中需注意的问题

在家具设计的色彩表达时，还要综合考虑各种不同环境下的功能特性，以及不同人群对于不同色彩的喜好。不同的消费者的特性，决定了家具色彩表达好坏的差异，不同的宗教信仰、文化的差异、气候的变化和不同时期的流行色，常常都能够反映出不同人的不同心理状态和对社会文化价值观的认同，家具设计师只有深刻地掌握色彩的表达特性，才能充分发挥出家具设计中色彩表达的作用。

二、家具设计中色彩表达的作用

1. 家具设计的色彩表达和造型相辅相成

（1）家具色彩和造型设计的实用性

实用性就是指家具具备的使用功能，这是家具色彩和造型设计的主要表现目的，具有先进、完善的各项实用功能，并且能够保证使用功能能够在使用环境中充分发挥作用。科学的造型和色彩设计，要充分考虑色彩对人们心理感受的影响，以及对环境的影响。

（2）家具色彩和造型设计的经济性

家具色彩和造型设计的经济性使家具造型的生产成本降低，价格更便宜，有利于批量的生产、降低材料的消耗、节约能源、提高效率，有利于产品的运输、销售、维修、包装等。在色彩的配置上要便于实现，有利于色彩的保持和清洗。

2. 家具设计的色彩表达和结构功能相互协调

家具设计时，首先要考虑的问题是色彩和功能要求的统一原则。

色彩的功能性原则要根据产品的不同功能来选用色彩的心理感受和联想能力与家具功能相匹配的色彩。由于功能的不同，使色彩处于不断地变化之中，色彩的合理运用将直接关系到家具功能的发挥。

每一个家具都有其特定的功能，所以每个家具都有一个主色调，当产品的使用需要一些功能特征时，可以用一些对比色来突出这些特征。色彩作为设计的一个重要组成因素，可以用来传达产品的某些信息，关键在于要考虑产品的功能特征、结构特点，对其经济价值和社会价值进行分析，选择适合的色彩配置方案进行表达。应用到家具的设计时，家具设计的色彩要根据家具功能的不同来显示其多样化的色彩设计及表达。

三、家具的流行色

家具的流行色与人们的心理因素、社会审美思潮、社会的经济状况、消费市场等因素有关。黑白的主题色仍魅力不减，而热情奔放的橙色、红色同样被大面积采用，温馨浪漫的蓝色与粉色也为现代家具更添姿色（图 4-32、图 4-33）。

社会经济状况和人们的消费能力是推动流行色的动力，如果人们对色彩的变异无动于衷，流行色也无从谈起。流行色大致有如下特点。

图 4-32　蓝色沙发

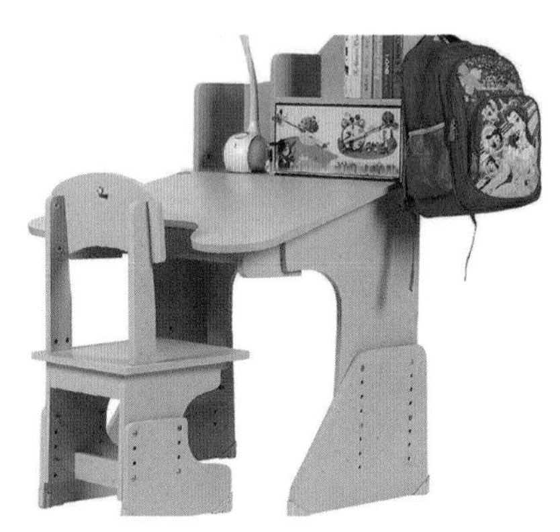

图 4-33　粉色儿童桌

（1）时代性

不同时代有不同的色彩需求，流行色具有强烈的时代感。因此设计师要时刻掌握时代的脉搏。

（2）社会性

流行色一旦产生，便会在全社会范围内的各种产品中产生影响。

（3）时间性

流行色在有限的时间段内流行，流行色常常交替变化。

（4）规律性

流行色演变的规律一般为“明色调——暗色调——明色调”，或“冷色调——暖色调——冷色调”，或“本色——彩色——本色”。按地域来看，一般是从经济发达地区传递到经济不发达地区，由时尚地区传递到传统保守地区。

人们的求新、求变以及趋同的心理是产生流行色的根本原因。社会发展变化为流行色提供了“土壤”，例如，在饱受工业污染的今天，人们普遍向往和热爱大自然，展现大自然的色彩随之受到青睐，各种木材色、天空色、海洋色、沙漠色、田野色、森林色普遍受到欢迎（图 4-34、图 4-35）。

图 4-34　原材料色家具

图 4-35　茶青色家具

小/贴/士

家具设计中色彩的设计原则

1. 符合家具的功能要求

家具设计时，首先要考虑的问题是色彩和功能要求的统一原则，通过色彩使人们对家具的功能有所了解，突出性能的发挥。通过对对比色的合理运用，可以协调好对比色、明暗色。空间功能的合理布局，装饰材料的合理配置，都可以使居住者感到温馨和舒适。家具的功能不同，所以其在色彩的选择上也不相同，合理的色彩设计需要根据家具的功能来进行，通过色彩对人们生理、心理上的影响，构建出符合要求的空间环境。尤其是公共场所家具设计的色彩表达，更要注重功能对色彩要求这一关键问题。

2. 遵循适用环境的要求

色彩设计要充分考虑家具使用环境的整体氛围，它可以起到改变或者创作某种格调的作用。家具在居住环境内占据着较大的空间和位置，不同的环境对于家具色彩的要求也是不同的，家具色彩的表达要和整体的室内环境色调相结合，不能单独考虑，色彩的表达在遵循家具功能的前提下要和居室的整体气氛相统一，在这个基础上再进行变化处理色彩关系。

3. 遵循不同国家和民族的色彩习俗

由于周围环境的影响，每个人都有自己所喜爱的色彩。受政治、风俗、信仰、文化等因素的影响，各个国家、民族、地区对于色彩的观念各不相同，因此形成了不同的习俗。例如：美洲国家的国旗大多是以绿色、黑色、蓝色、

小/贴/士

红色等配合在一起，阿根廷、乌拉圭的国旗由蓝色、白色组成；而伊斯兰国家的国旗大多为绿色，因为绿色代表着沙漠中的绿洲，除了绿色，阿拉伯人还喜欢黑色和白色，但不喜欢蓝色和红色，这与它们的宗教信仰有关等。

4. 遵循材料质感的统一

家具的材料是组成家具艺术非常重要的特质。家具使用材料的固有色、质地以及纹理等特性会给人以真切的感觉，家具的视觉效果会直接反映到人们的肢体语言中而呈现出不同的舒适感觉。色彩在家具中的运用要以材料的选择为前提。不同材料的质地对于光线的反射和吸收存在很大的差别，会直接影响家具色彩的展示。此外不同材质有着不同的美感，材料本身能够展示出材质的美感，这种美感使人们在观察中获得审美的愉悦。所以，在家具设计中，色彩一定要和材料的质感统一在一起进行考虑。

第五节 家具设计的原则

家具设计的原则是什么？从广泛的概念出发，家具设计的目的是使人与人、人与物、人与环境、人与社会相互协调，其核心是更好地为人类服务。优秀的家具设计应当具有清晰的市场定位，应当是功能、材料、结构、造型、工艺、文化内涵、鲜明个性与经济的完美结合。家具作为一种工业产品和商品，又必须适应市场需求，遵循市场规律。

一、满足需求的原则

实用性是家具设计的首要条件，家具设计首先必须满足它的直接用途，适应使用者的特定需求。

针对社会产品不断增长的新功能，家具设计也要不断地考虑如何满足人们新的生活需求。美国心理学家马斯洛将人的需求分为生理需求、安全需求、社交需求、自尊需求和自我实现需求五个层次，家具设计同样也要满足人们的五个层次的需求。设计者要从使用者的角度出发，通过调查他们的需求信息，特别是要从生活方式的变化迹象中预测和推断出潜在的即将发生的生活需求，并以此作为新产品开发的依据。

在确定家具尺度的时候，要根据人体尺寸、人体动作尺寸以及人的各种生理、心理特征来进行考虑；并且要根据使用功能的性质，如休息、工作的不同要求分别进行不同的处理。最终目的就是要避免因家具设计不当带来的低效、疲劳、事故、紧张、忧患、生态的破坏及各种有形的损失，使人和家具、环境之间处于一种最佳的状态，使它们相互协调，使人感觉舒适，从而提高工作和休息的效率（图 4-36、图 4-37）。

二、舒适性的原则

舒适性是高质量生活的需要，在解决了有无问题之后，舒适性的重要意义就凸显出来了，这也是设计价值的重要体现。要设计出舒适的家具就必须符合人体工程

图 4-36　长条状餐桌适合分餐制

图 4-37　圆形餐桌适合聚餐制

学的原理，并对生活有细致的观察、体验和分析。如沙发的坐高、弹性，靠背的倾角等都要充分考虑人的使用状态、体压分布以及动态特征，以其舒适性来最大限度地消除人的疲劳感，保证休息质量。

三、创造性的原则

设计的核心是创造。家具新功能的拓展，新形式的构想，新材料、新结构的研发都是设计者进行创造性思维的原动力（图 4-38、图 4-39）。工艺性是生产制作的需要，为了在保证质量的前提下尽可能提高生产效率，降低制作成本，所有家具零部件都应尽可能满足机械加工或自动化生产的要求。固定结构的家具应考虑是否能实现装配机械化、自动化；拆装式家具应考虑使用最简单的工具就能快速装配出符合质量要求的成品家具。

家具设计的工艺性还表现在设计时充分使用标准配件。随着社会化分工合作的深入与推广，专业化分工合作生产已成为家具行业的必然趋势。因为这种合作方式可以做到优势互补，为企业在某一领域的深入发展创造条件。使用标准件可以简化生产，缩短家具的制作过程，降低制造费用，节约能源并对环境友好。需要专门指出的是，为了避免被模仿，在商业化

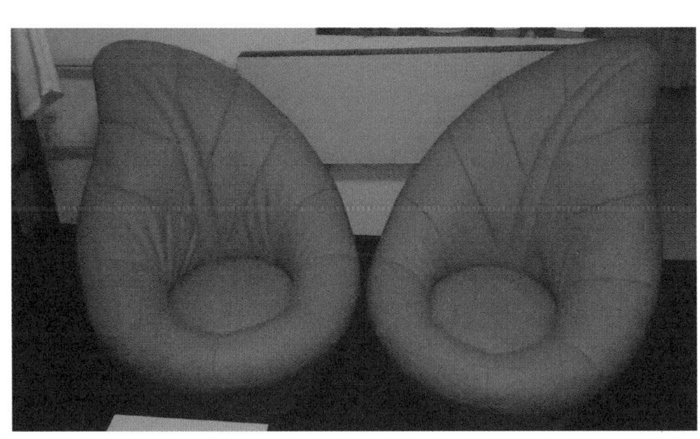
图 4-38　叶子形创意沙发

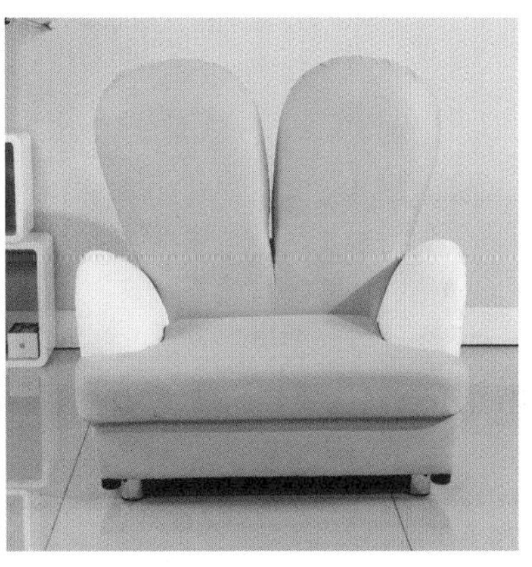
图 4-39　兔耳朵形创意沙发

设计领域也有抬高制作门槛或设置工艺障碍的做法，使模仿者望而却步。

四、安全性的原则

安全性是家具品质的基本要求，缺乏足够强度与稳定性的家具设计，其后果将是灾难性的。要确保安全，就必须对材料的力学性能、家具受力大小、方向和动态特性有足够的认识，以便正确把握零部件的断面尺寸，并在结构设计与节点设计时进行科学的计算与评估（图 4-40）。如木材在横纹理方向的抗拉强度远远低于顺纹理方向，当它处于家具中的重要受力部位时就可能断裂开来。又如木材具有湿胀干缩的性能，如果用宽幅面实木板材来制作门的芯板而又与框架固定胶合时就极易在含水率上升时将框架撕裂。

除了结构与力学上的安全性外，其形态上的安全也是至关重要的。如当表面有尖锐物时就有可能伤及使用者，当一条腿超出台面时有可能让人绊腿而摔跤。又如板材、涂料、胶料等家具原辅材料中的有机散发物对人体健康带来隐患，家具设计与制作时必须予以足够重视。

时代特征具有文代或亚文化的属性。

图 4-40　靠背椅

五、流行性的原则

流行性的原则要求设计的产品表现出时代的特征。定制衣柜符合流行的时尚，要求设计者要经常、及时地推出适销、对路的产品，以满足市场的需求。要成功地应用流行性的原则，就必须研究有关流行的规律和理论，但不可盲目地追寻流行，要切实地分析它的使用范围和场合（图 4-41 ～图 4-43）。

艺术性是人的精神需求，家具的艺术效果将通过人的感官产生一系列的生理反应，从而对人的心理带来强烈的影响。美观对于实用来说虽然次序在后，但绝非可以厚此薄彼。尽管有美的法则，但美不是空中楼阁，必须根植于由功能、材料、文化所带来的自然属性中，矫揉造作不是美。美还与潮流有关，家具设计既要有文化内涵，又要把握设计思潮和流行趋势，潮流之所以能够成为潮流是因为它反映了强烈的时代特征。

图 4-41　客厅里的家具

图 4-42　厨房里的家具

图 4-43　办公室里的家具

小贴士

家具设计的可持续利用

家具是应用不同的物质材料加工而成，对于一些不可再生或成材时间较长的原材料，我们要考虑材料的再利用。特别是在木材的使用上，要尽量利用速生材、小径板材和中纤维板为原料，对于珍贵树种的利用要做到物尽其用，以实现人类生存环境的和谐发展和材料的可持续再利用。同时，不断探求新材料的开发。

第六节

家具设计程序

家具设计是有目的、有计划、按照一定的次序展开的。整个设计流程相互交错，循环反复。家具也需要设计，设计师在明确设计目标的前提下，通过科学的设计程序，全面研究与设计有关的各种设计因素，找出问题，并提出解决问题的方案以达到设计目的。

一、家具设计准备阶段

1. 确立设计定位

设计的定位就是设计的目的，明确对服务的对象及其需求进行分析。

（1）Who（谁）

“谁”是指设计何物，指必须明确该项设计的具体要求。对家具设计而言，是设计桌子还是椅子，柜子还是沙发。

（2）Say What（说什么）

“说什么”是指这个家具在使用方面有什么要求。是需要一个较大的空间来存放物品，还是只放置一些小型的装饰物品；是需要采用折叠式结构来节约空间，还是选用便捷式或移动式等。

（3）In which channel（通过什么渠道）

“通过什么渠道”是指家具在什么地方使用，比如是在家居空间中使用，还是在户外空间中使用，或是外出时使用。

（4）To whom（对谁）

“对谁”是家具使用的对象，即这个家具是为人设计的，男人或是女人，老人或是小孩等。

（5）With what effect（达到什么效果）

“达到什么效果”是指特定人群对家具使用后的感受，家具对人和环境有什么影响（图 4–44）。

2. 收集分析资料

收集资料的途径有很多，一般有以下几种方式。

图 4–44　休闲娱乐

图 4-45　家具销售网页

图 4-46　家具杂志网页

（1）专业期刊和互联网资料

可以通过查阅文献资料，阅读一些家具设计专业书籍、专业期刊论文或设计年鉴。还可以充分利用互联网资源。如中国家具设计网，创意家具设计爱好等专业网站或访问一些品牌家具的主页（图 4-45、图 4-46）。

（2）参加家具博览会

国内与国外每年都要定期举办家具博览会，这是观摩、学习家具设计，搜集专业资料的最佳机会。杭州、上海、深圳、广州等城市每年都会举办家具设计大赛和家具设计评奖，使正在学习家具设计的学生能够展示自己的设计作品，对促进中国现代家具设计的发展具有深远的意义。

（3）家具工厂生产工艺调研

现代家具的大工业生产方式，使得家具的生产制作不是少数几个人或是一个工厂可以完成的，而是要经过很多道工序，多种专业的配合，多个专业化部件工厂的协作，并以现代化生产流程的方式完成。所以从事家具的设计与开发，必须对家具的生产工艺流程、家具的零部件结构要有清晰的了解和掌握，如果有时间可以到不同的专业家具工厂做实地观摩、学习和考察。

（4）家具市场调查

家具市场是从事家具设计专业学习的第二大课堂（图 4-47）。家居大卖场是一个学习、研究、调查家具信息的真实具体的设计市场环境。在家具市场中，能最快地获得第一手家具资料，尽可能多地搜集一些家具品牌的广告宣传画册，通过家具销售商了解家具的价格、款式、销售等。同时通过对家具购买顾客的调查问卷和随机访问等，能了解不同消费者对产品造型、色彩、装饰、包装、运输的意见和要求。

图 4-47　家具城

小/贴/士

市场对大规模定制模式下的家具产品的需求

大规模定制模式下的家具产品需要综合考虑传统因素、营销因素、工厂因素、社会因素和环境因素，从而更切实地反映市场需求。最重要的就是需要了解客户的信息，将用户需求、工程指标、产品族的映射和客户的消费需求转化为家具设计的详细说明和资源的优先顺序，按相对重要性顺序进行排列；请客户将当前的产品与竞争对手的产品按竞争力的大小进行排列，将结果列入“客户的感觉”里面，掌握客户的主观偏爱，如家具的风格、材料、功能、质量、价位等。

二、家具方案设计阶段

1. 设计构思

经过人物分析与资料搜集后，家具设计者在脑海中就会有初步的构思，**设计构思是对提出的问题所做的多种解决方案的思考**，而初步构思形成后，就要对设计构思进行表达，表达最有效的手段就是绘制草图。当一个新的创意出现在脑海中时就要记录下来，通过一步步的深化，模糊的草图终将清晰起来。

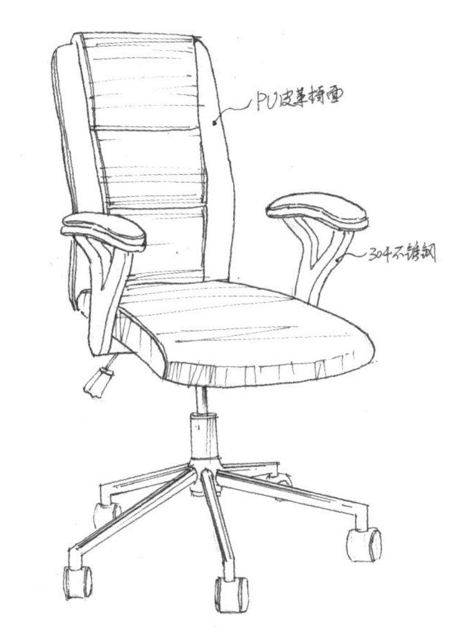

图 4-48　家具草图绘制（一）

2. 设计表达

草图就是快速将设计构思记录下来的简单图形，它通常不够完美，但却能直观反映设计者的构想。

草图一般是徒手画，用便于修改的工具来操作（图 4-48 ～图 4-51）。一个设计简图需要绘制多张草图，再经过比较推敲，选出较好的方案。草图的第二步是对每一个细节进行进一步研究，此时尽可能地描绘出各个部分的机构分解图，一些结合点的连接方式也要放大绘制。家具使用的材料以及家具的各部分尺寸也要确定。草图绘制的最后一步就是色彩的调节，

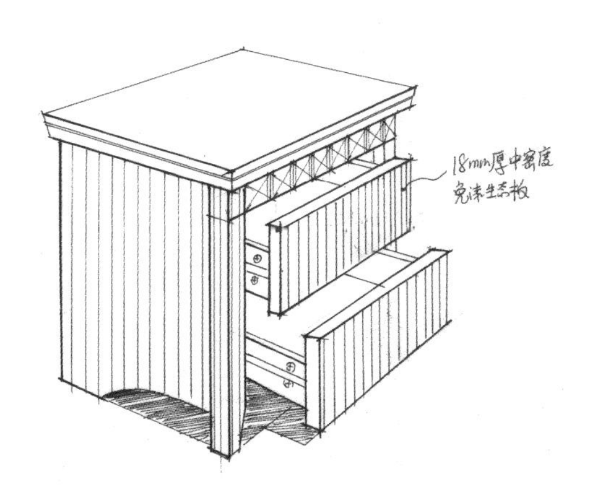

图 4-49　家具草图绘制（二）

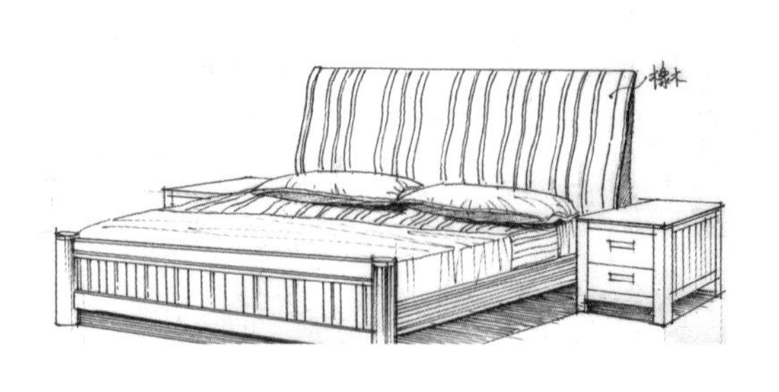

图 4-50　家具草图绘制（三）

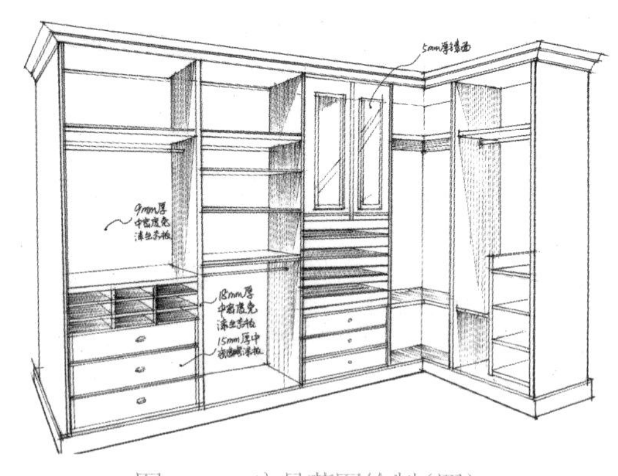

图 4-51　家具草图绘制（四）

可用色笔做多种颜色的配置组合，从中选出符合要求的一张。

绘制三视图，将家具的形象按照比例绘出，体现家具的形态，以便进一步分析（图 4-52）。绘制三视图要明确家具的状态，以便进一步解决造型设计上的不足与矛盾；要反映主要的结构关系；家具各部分所使用的材料要明确下来。家具设计完成后，在三视图的基础上绘制出透视效果图，这样让家具形态表现效果更直观、更真实（图 4-53、图 4-54）。

手绘效果图在目前是一种很重要的设计表现手法。传统的手绘产品设计效果图的方法主要有：水粉画法、透明水色画

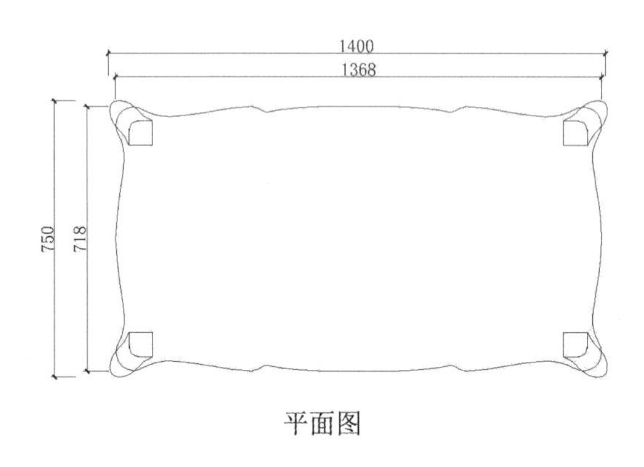

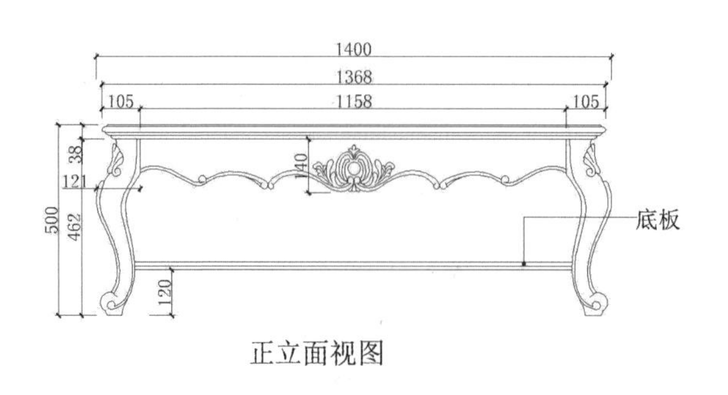

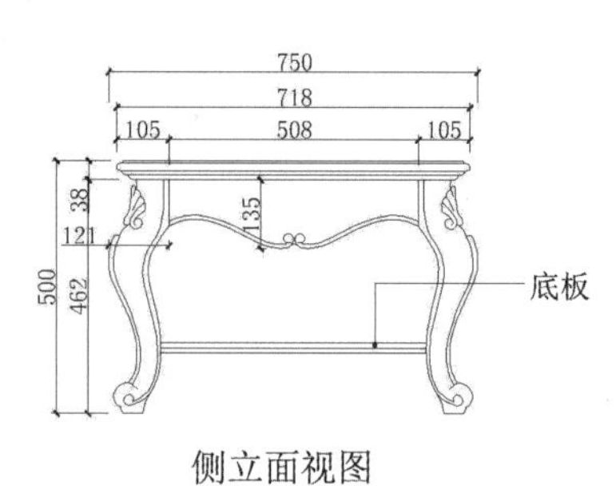

图 4-52　沙发配套茶几

法、喷笔画法、色粉笔画法等。随着个人电脑技术的广泛应用出现了一种全新的设计表现手法——计算技术辅助软件AutoCAD。

虽然计算机辅助软件的概念起源于20世纪60年代，但长期以来它一直被应用于复杂的机械设计中。国内的工业设计是最初接触到计算机辅助设计，是从用3ds max和Photoshop软件绘制产品设计效果图和用AutoCAD软件绘制工程图开始的。

图4-53　客厅内家具效果图

图4-54　办公家具效果图

小/贴/士

家具设计构思方法

1. 大脑激荡法

这是一种强调集体思考的方法，在一定的时间内，一组人以讨论的方式，发挥创造性的创意。每个人都有自由发言的权利，每个人都可以选择别人的创意并向前发展，但批评是不允许的。比如“这个不行”“以前有过”这样的词汇是不能出现的。数量的增加会带来质量的变化，原因和逻辑性在这里并不重要，重要的是所有的创意都不能丢失。在讨论中，所有的创意都要记录下来，每一个人都能看到，并保留备忘。

2. 缺点列举法

这是一种不断正对一项事物检讨其各种缺点，进而探求其解决文案和改善对策的方法，目的是通过对该事物缺点的把握，使事物的缺点得以弥补。此法也以小组的形式完成，先提出欲改进的事物，然后小组成员列举缺点，组员之间进行互动，产生连锁反应，最后得到改进革新的方案。

3. 制作模型

在设计过程中，使用简单的材料和加工手段，按照一定的比例，制作出模型。它是研究设计，推敲造型比例、确定结构方式和材料的选择与搭配

小/贴/士

的一种手段。模型具有立体、真实的效果，可以从中找出设计的不足与问题。

三、家具方案设计完成

完成设计是由设计向生产转变的阶段，设计方案一般要在详细的评估和修改之后再论证、修改，根据最终设计方案进行手板制作，并做工艺上的设计。

1. 设计评估

设计评估就是在设计过程中，对解决设计问题的方案进行比较、评定。由此确定各个方案的价值，判断其优劣，以便筛选出最佳设计方案。在这里“方案”的意义是广泛的，可以有多种形式，如原理方案、结构方案、造型方案等，从其载体上来看，可以是零部件或图纸，也可以是模型、样机、产品等。一般来说，评价中所指的方案实质上是针对设计中所遇到的问题进行解答，不论是实体的形态还是构想的形态，这些方案都可以作为评价的对象做出判断。

2. 设计评估的重要性

设计评估是对设计目的的一种检验，对设计定位的贯彻程度的考核，是对同时出现的设计方案的最科学的比较手段，对方案的选择过程更能科学地提出人的感性经验和直觉因素，广义上把设计评估看成是产品的优化过程，实际上是帮助我们树立正确的观念。

首先，通过设计评估能有效地保证设计的质量。充分、科学的设计评价，使我们能在众多的设计方案中筛选出各方面性能都满足目标要求的最佳方案。其次，适当的设计能减少设计中的盲目性，提高设计的效率，使设计的目标较为明确，同时也能避免在设计上少走弯路，从而提高效率，降低设计成本。

此外，应用设计评价可以有效地检验设计方案，发现设计上的不足之处，为设计改进提供依据。设计评价的意义在于自觉控制设计过程，把握设计方向，以科学的分析而不是主观的感觉来评定设计方案，为设计师提供评判设计构想的依据。

第七节 案例分析

一、彩色条纹编织家具

这一系列的彩色条纹编织家具名为“Cloud Collection”，是由巴西设计师Humberto Damata围绕纬纱技术设计并制作的，一系列彩色线条相互交织，创造了新的视觉印象和触觉体验。设计师的灵感来源于织物的图案——如何用三维的方式创造一种全新的条纹织物，“Cloud Collection”用一种不规则的形式取代了传统的交叉编织，创造了一种更加有趣独特的形式，而布料上的细条纹印刷图案更是强调了这一特点。“Cloud Collection”编织家具均是手工制作，缤纷的色彩让人心生愉悦，独特的编织纹理让人眼前一亮（图4-55～图4-58）。

图 4-55　彩色条纹编织家具（一）

图 4-56　彩色条纹编织家具（二）

图 4-57　彩色条纹编织家具（三）

图 4-58　彩色条纹编织家具（四）

二、框架模块化家具

这一组家具其实就是一组框架，通过各个小孔加上隔板、连接杆等各种组件来组合出不同的形态，实现衣架、置物台等各种收纳功能。木质材料的安装不需要螺丝刀和钉子等任何工具。它可以靠墙，也可以作为架子直立起来，结构简化，操作起来更加方便，生产投资也得到优化，从而降低了成本，“简化而不简单”的生活格调就此形成（图 4-59 ～图 4-62）。

图 4-59　框架模块化家具（一）

图 4-60　框架模块化家具（二）

图 4-61　框架模块化家具（三）

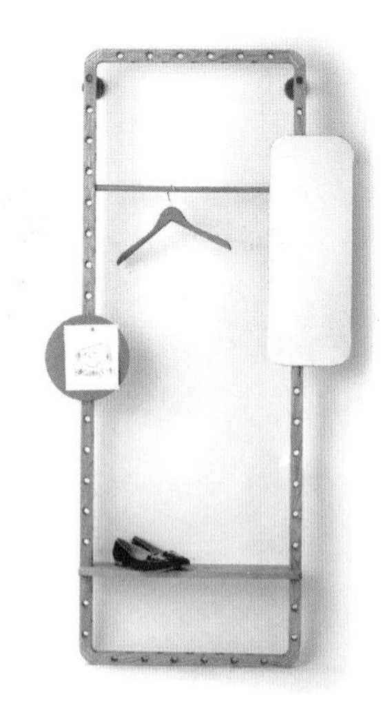

图 4-62　框架模块化家具（四）

本／章／小／结

本章从家具的概念设计、造型形态构成、家具色彩设计、家具的色彩表达、家具设计的原则和家具设计程序六个方面分析了家具设计的内容和程序。优秀的家具应当是功能、材料、结构、造型、工艺、文化内涵、鲜明个性与经济的完美结合。因此，在实际的设计过程中，设计者应该合理利用造型和色彩的优势，超越其材料和装饰的价值，力求达到需求性、舒适性、创造性、安全性与流行性的完美结合。

思考与练习

1. 家具造型由哪些部分构成?

2. 如何理解色彩在家具设计中的作用?

3. 现实生活中，家具色彩的表达有哪些方面?

4. 色立体和三原色之间有什么联系?

5. 举例说明生活中的家具设计与色彩之间的联系。

6. 家具设计有哪些程序? 结合家具设计的程序，设计制作出一种家具模型。

第五章
家具材料与施工工艺

学习难度：★★★★☆

重点概念：材料　工具　制造方法

章节导读

家具材料与施工工艺是家具设计中必须考虑的因素。不同的材料表现出的性质不同，所制造出的家具形态也有所不同，材料是构成家具的物质基础，在家具发展的历史中，用于家具的材料反映出当时的生产力水平。根据不同材料的属性，家具制造方法有所不同，但制造过程大同小异。家具制造需要专业的工具和技术。

第一节
制造家具选用材料

一、木材

1. 木材的构造

木材是由树木采伐后经初步加工而得到的，是由许多细胞组成的，他们的形态和排列各有不同，使木材的构造极为复杂，成为各向异性的材料。木材的主要部分是树干，树干由树皮、形成层、木质部（即木材）和髓心组成。木材有无数个切面，从不同的方向锯木材就能得到不同的切面。在无数个切面中，最有用的切面只有3个，即横切面、径切面、弦切面。在横切面上，年轮呈同心圆或者弧形状，在径切面上年轮呈平行的条状，在弦切面上年轮呈花纹状（图5-1、图5-2）。横切面的板材硬度大、耐磨损，但易折断，难刨削，而且较难达到木家具的尺度要求，因而未被广泛应用。

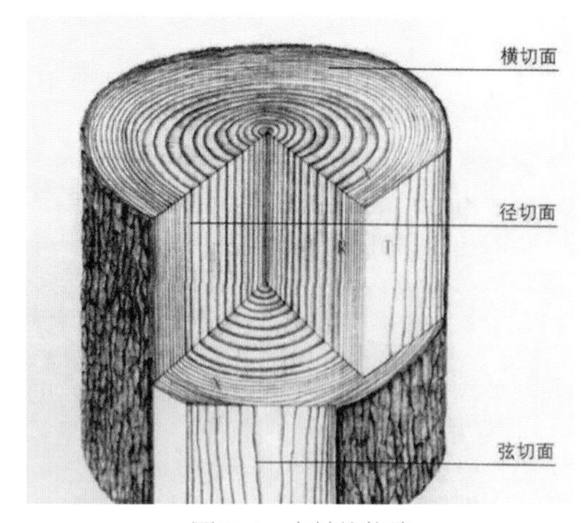

图 5-1　木材的构造

图 5-2　人造木材表现出来的造型性能

2. 木材的物理特性

（1）折叠密度

木材系多孔性物质，其外形体积由细胞壁物质及孔隙（细胞腔、胞间隙、纹孔等）构成，**因而密度有木材密度和木材细胞物质密度之分。前者为木材单位体积(包括孔隙）的质量；后者为细胞壁物质（不包括孔隙）单位体积的质量。**

（2）木材密度

木材密度是木材性质的一项重要指标，根据它估计木材的实际重量，推断木材的工艺性质和木材的干缩、膨胀、硬度、强度等木材物理力学性质。

3. 木材的视觉特性

（1）木纹

木纹是天然生成的图案，通常，木材的横切面上呈现同心圆状花纹，径切面上呈现平行的带荆条形花纹（图 5-3），弦切面上呈现抛物线状花纹。木材表面上这些互不交叉、平行条形花纹构成的图案，给人以流畅、井然、轻松、自如的感觉。

（2）节疤

节疤自然存在于木材表面，是树木生长过程中天然形成的（图 5-4）。人类对节疤的感受与其文化背景和追求自然的理念有着直接的关系。总的来说，东方人一般认为节疤是有缺陷、廉价的，西方人则认为节疤是自然、亲切的。因此，大多数

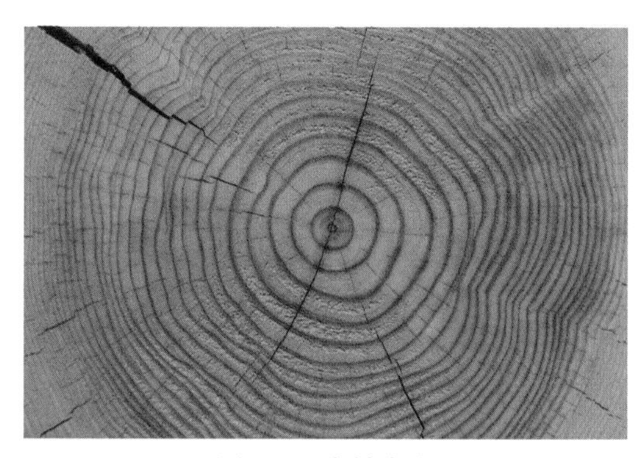
图 5-3　木材木纹

图 5-4　节疤

东方人在装饰时，选择无瑕疵的面饰材料，总是设法清除材面上节疤，而西方人则设法寻找有节疤的表面。有节疤的面材装饰效果与房间装饰整体格调有关，不是所有节疤都可以给人以美感的。

（3）木材表面光泽与透明涂饰

1）人眼感到舒服的反射率为 40％～60％。**木材对光的反射柔和**，符合人眼对光反射率的生理舒服度要求。可见，木材较柔和的光泽特性源于其独特的微观构造。目前市场上虽不断出现了木材的仿制品，仍代替不了木材真实的表面效果，这与仿制品缺乏木材真实的光泽有直接的关系。

2）为了增强木制品装饰效果和耐用性，木制品涂饰是必要的（图 5–5）。**涂饰对木材具有一定的保护和装饰作用**，不透明涂饰会掩盖木材的视觉效果，而透明涂饰则可提高木材的光泽度，使光滑感增强；增强木材纹理的对比度，使纹理线条表现得更清晰、更具动感和美感。

（4）木材对紫外线的吸收性与对红外线的反射性

木材给人视觉上的和谐感，不仅仅是其柔和的反射特性，更重要的是因为木材可以吸收阳光中的紫外线（380nm 以下），减轻紫外线对人体的危害；同时木材又能反射红外线（780nm 以上），这一点也是木材使人产生温馨感的直接原因之一。

4. 木材的触觉特性

以木材作为建筑内装材料以及由其制造的家具、器具和日常用具等，长期置于人类居住和生活环境之中，人们常用手接触它们的某些部位，给人以某种感觉，即触觉。以木材作为建筑内装材料以及由其制造的触觉包括冷暖感、粗滑感、软硬感、干湿感、轻重感等。这些感觉特性发生在木材表面，反映了木材表面的非常重要的物理性质。

（1）木材表面的冷暖感

用手触摸材料表面时，界面间温度的变化会刺激人的感觉器官使人感到温暖或冰凉。手接触试件后手指感受的温度因所用的材料不同而异（图 5–6）。

（2）木材表面的软硬度

树种不同木材表面的硬度也不同。多数针叶树材称为软材，多数阔叶树材称为硬材。国产木材的端面硬度平均为 53.5MPa，针叶树材平均为 34.3MPa，阔叶树材平均 60.8MPa。针、阔叶树材端

图 5–5　木板表面具有光泽

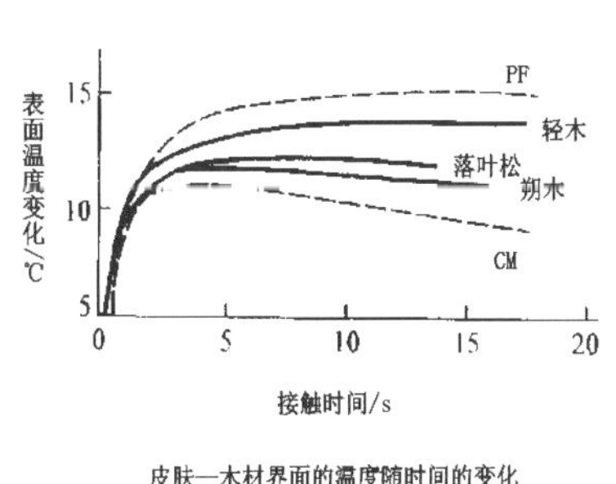

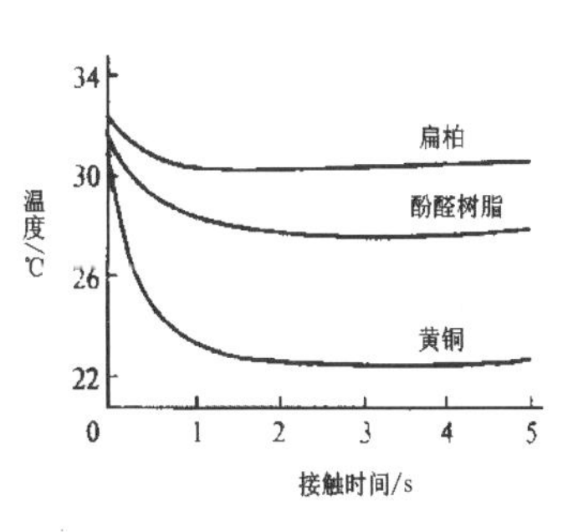

图 5–6　木材的冷暖感

面：径面：弦面约为 1 ： 0.80 ： 0.83。不同树种、同一树种的不同部位、不同断面的木材硬度差异很大，因而有的触感轻软，有的触感硬重。

（3）木材表面的粗滑感

粗糙感是指粗糙度和摩擦刺激人们的触觉。木材细胞组织的构造与排列赋予木材表面以粗糙感。木材表面的光滑性取决于木材表面的解剖构造，如早、晚的交替变化，导管大小与分布类型，交错纹理等（图 5-7、图 5-8）。

图 5-7　粗糙的木材表面

图 5-8　木材表面纹理

小/贴/士

家具常用木材

关于家具常用的木材，就要说到板材了，制作家具常用的板材分为实木板材和人造板材两大类。实木板材就是采用完整的木材制成的木板材，实木板板材坚固耐用、纹路自然，大都具有天然木材特有的芳香，具有较好的吸湿性和透气性，有益于人体健康，不会造成环境污染，是制作高档家具、装修房屋的优质板材。一些特殊材质（如榉木）的实木板还是制造枪托、精密仪表的理想材料。人造板材就是利用木材在加工过程中产生的边角废料，添加化工胶粘剂制作成的板材，人造板材的种类很多，常用的有木芯板、刨花板、纤维板、胶合板、细木工板、铝塑板等。

二、金属

金属材料是金属及其合金的总称，金属材料一般是指工业应用中的纯金属或合金。自然界中大约有 70 种纯金属，其中常见的有铁、铜、铝、锡、镍、金、银、铅、锌等，而合金常指两种或两种以上的金属或金属与非金属结合而成，且具有金属特性的材料。

1. 金属的物理特性

常见的合金如铁和碳所组成的钢合金，铜和锌所形成的合金黄铜等。金属的特性是由金属结合键的性质决定的，金属的特性表现在：金属材料几乎都是具有晶格结构的固体，由金属键结合而成，是电与热的良导体，金属材料表面具有金属所特有的色彩与光泽，具有良好的延展性。金属材料的工艺性能优良，金属材料能够依照设计者的构思实现多种造型（图5-9、图5-10）。

图5-9　铰链

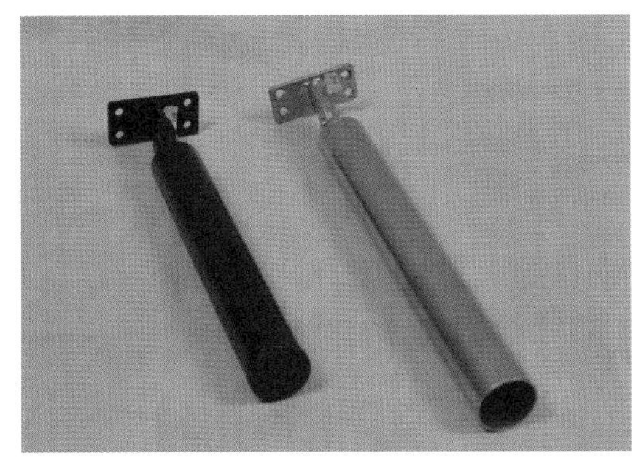

图5-10　沙发脚

2. 金属材料的基本特点

（1）疲劳

许多机械零件和工程构件，是承受交变载荷工作的。在交变载荷的作用下，虽然应力水平低于材料的屈服极限，但**经过长时间的应力反复循环作用以后，也会发生突然脆性断裂，这种现象叫做金属材料的疲劳**。金属材料疲劳断裂的特点是：载荷应力是交变的；载荷的作用时间较长；断裂是瞬时发生的；无论是塑性材料还是脆性材料，在疲劳断裂区都是脆性的。所以，疲劳断裂是工程上最常见、最危险的断裂形式。

（2）塑性

塑性是指金属材料在载荷外力的作用下，产生永久变形（塑性变形）而不被破坏的能力。金属材料在受到拉伸时，长度和横截面积都要发生变化，因此，金属的塑性可以用长度的伸长（延伸率）和断面的收缩（断面收缩率）两个指标来衡量。

金属材料的延伸率和断面收缩率愈大，表示该材料的塑性愈好，即材料能承受较大的塑性变形而不破坏。一般把延伸率大于百分之五的金属材料称为塑性材料（如低碳钢等），而把延伸率小于百分之五的金属材料称为脆性材料（如灰口铸铁等）。塑性好的材料，它能在较大的宏观范围内产生塑性变形，并在塑性变形的同时使金属材料因塑性变形而强化，从而提高材料的强度，保证了零件的安全使用。此外，塑性好的材料可以顺利地进行某些成型工艺加工，如冲压、冷弯、冷拔、校直等。因此，选择金属材料作机械零件时，必须满足一定的塑性指标。

（3）耐久性

金属腐蚀（图5-11、图5-12）的主要形态有以下几种：

1）均匀腐蚀。金属表面的腐蚀使断面均匀变薄。因此，常用年平均的厚度减

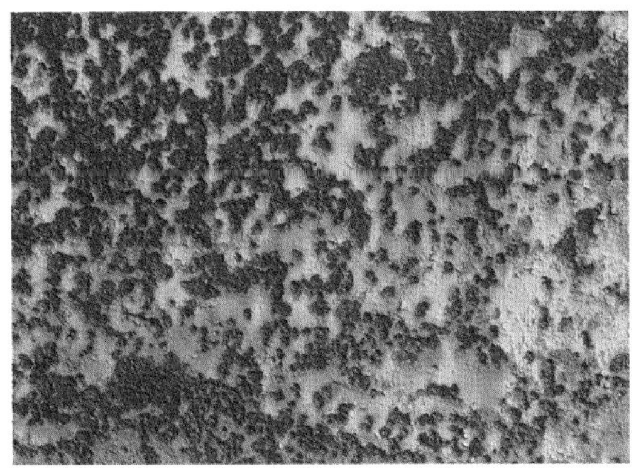

图5-11　金属腐蚀(一)

图 5-12　金属腐蚀（二）

损值作为腐蚀性能的指标（腐蚀率），钢材在大气中一般呈现均匀腐蚀。

2）孔蚀。金属腐蚀呈点状并形成深坑。孔蚀的产生与金属的本性及其所处介质有关，在含有氯盐的介质中易发生孔蚀，孔蚀常用最大孔深作为评定指标，管道的腐蚀多考虑孔蚀问题。

3）电偶腐蚀。不同金属的接触处，因所具不同电位而产生的腐蚀。

4）缝隙腐蚀。金属表面在缝隙或其他隐蔽区域部常发生由于不同部位间介质的组分和浓度的差异所引起的局部腐蚀。

5）应力腐蚀。在腐蚀介质和较高拉应力共同作用下，金属表面产生腐蚀并向内扩展成微裂纹，常导致突然破断，混凝土中的高强度钢筋（钢丝）可能发生这种破坏。

图 5-13　玻璃板

三、玻璃材料

1. 玻璃材料的特性

玻璃是一种较为透明的固体物质。在熔融时形成连续网格结构，冷却过程中黏度逐渐增大并硬化而不结晶的硅酸盐类非金属材料，属于混合物。有的混入了某些金属的氧化物或者盐类而显现出颜色。玻璃具有硬度大、感光强、化学性质稳定等一系列的优良特性。

2. 常用玻璃种类

（1）玻璃板

玻璃片加以磨光及擦亮，使之透明光滑，即为玻璃板（图 5-13），高级玻璃板表面不具波纹，常说的清玻即是以高级玻璃板制成。

（2）弯曲玻璃

将玻璃置于模具上加热后依玻璃自己本身之重量而弯曲，待冷却后定型而制成（图 5-14）。

（3）有色玻璃

有色玻璃即是含有金属氧化物的玻璃，不同的金属氧化物使玻璃具不同色彩，所说的茶玻是含有二氧化铁的玻璃（图 5-15）。

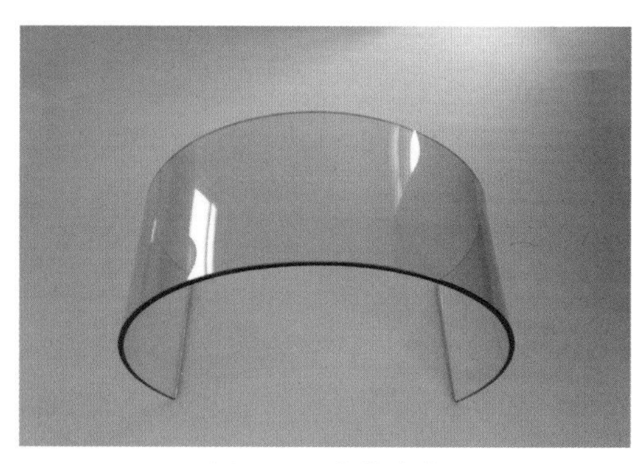

图 5-14　弯曲玻璃

图 5-15　有色玻璃

图 5-16　玻璃镜

（4）玻璃镜

玻璃镜为高级玻璃板制成，表面无波纹，适用于橱柜的背镜及立镜等（图 5-16）。

（5）强化玻璃

将平板玻璃加热接近软化点时，在玻璃表面急速冷却，使压缩应力分布在玻璃表面，而引张应力则在中心层（图 5-17）。因有强大均等的压缩应力，使外压所产生的引张应力，被玻璃的强大压缩应力所抵消，增加玻璃使用的安全性，当玻璃被外力破坏时，成为豆粒大的颗粒，减少对人体的伤害，可耐受温度的急速变化。

（6）立体玻璃

在平板玻璃表面采用喷涂工艺配以相关技术制成，适用于餐桌、橱柜门等（图 5-18）。

3. 玻璃家具在家居中的功能

在居室面积较小的房间中，最适于选用玻璃家具，因为玻璃的通透性，可减少空间的压迫感。

过去人们总认为使用玻璃家具没有安全感。如今，这个问题早已解决。用于家庭装饰的玻璃材料不仅在厚度、透明度上得到了突破，使得玻璃制作的家具兼有可靠性和实用性，并且在制作中注入了艺术的效果，使玻璃家具在发挥家具的实用性功能的同时，更具有装饰、美化居室的效果。

图 5-17　强化玻璃

图 5-18　3d 立体玻璃墙

小/贴/士

茶色玻璃的选择

随着茶色玻璃（图5-19、图5-20）家具的出现，越来越多的朋友在购置家具时，想添置一两件茶色玻璃家具，但去商店购买时又不知如何挑选。几种挑选方法如下。

1.首先要观察家具的结构是否匀称、方正，不能有歪料、扭曲、塌陷等毛病。

2.挑选时要看茶色玻璃本身是否脱色，有无划痕、炸口、裂痕、发霉等现象。

3.玻璃与玻璃之间是组合扣衔接在一起的，挑选时必须查看组合扣和衔接处是否严实、牢固，不能有松动、脱节、破损等现象。

4.茶色玻璃边缘处要上胶皮条，在玻璃受到外力震动和碰撞时，能起到缓冲保护作用。同时也可防止人们在使用过程中被玻璃划伤。因此，挑选时要检查胶皮条装得是否牢固、严紧、充实。

5.茶色玻璃家具一般都安装有方向轮底托，选择时应稍稍用力推底托，看看运行是否灵活、方便，前后左右推行时，整体要“稳如泰山”。

6.茶色玻璃家具底托包有绒布等面料，在挑选时要看包得是否严实、平整，不应有破损和污染。

图5-19　茶色玻璃

图5-20　茶色玻璃做的瓶子

四、塑料材料

塑料是以合成树脂为主要成分，适当加入填料、增塑剂、稳定剂、润滑剂、色料等添加剂，在一定的温度和压力下塑制成型的一类高分子材料。合成树脂是人工合成的高分子化学物，是塑料的基本原料，起着粘胶的作用，能将其他成分粘成一个整体，并决定着此塑料的基本性能（图5-21、图5-22）。添加剂的加入，可改善塑料的某些性能，以获得满足使用要求的塑料制品。

1. 塑料的基本性能

塑料具有良好的综合特性，塑料质量轻，强度高，耐化学性好，加工方便，价格便宜。多数塑料制品有透明性，并富有光泽，有着鲜艳的色彩，大多数的塑料可制成透明或者半透明的材料，可以任意着

图 5-21　塑胶原料

图 5-22　塑料材料

色，且着色均匀、坚固，不易变色。大多数塑料具有较高的耐磨及润滑的特性，塑料可以通过加热、加压形成各种形状的制品，可进行切削、焊接、表面处理等二次加工，精加工成本低，用塑料制品代替金属制品可以节约大量金属材料。

2. 常用的塑料家具材料

（1）通用塑料

一般是指产量大、用途广、成型性好、价格便宜的塑料。通用塑料有五大品种，即聚乙烯（PE）、聚丙烯（PP）、聚氯乙烯（PVC）、聚苯乙烯（PS）及丙烯腈—丁二烯—苯乙烯共聚合物（ABS），它们都是热塑性塑料（图 5-23、图 5-24）。

（2）工程塑料

一般指能承受一定外力作用，具有良好的机械性能和耐高温、耐低温性能，尺寸稳定性较好，可以用作工程结构的塑料，如聚酰胺、聚砜等（图 5-25）。

（3）特种塑料

一般是指具有特种功能，可用于航空、航天等特殊应用领域的塑料。如氟塑料和有机硅具有突出的耐高温、自润滑等特殊功用，增强塑料和泡沫塑料具有高强度、高缓冲性等特殊性能，这些塑料都属于特种塑料的范畴。

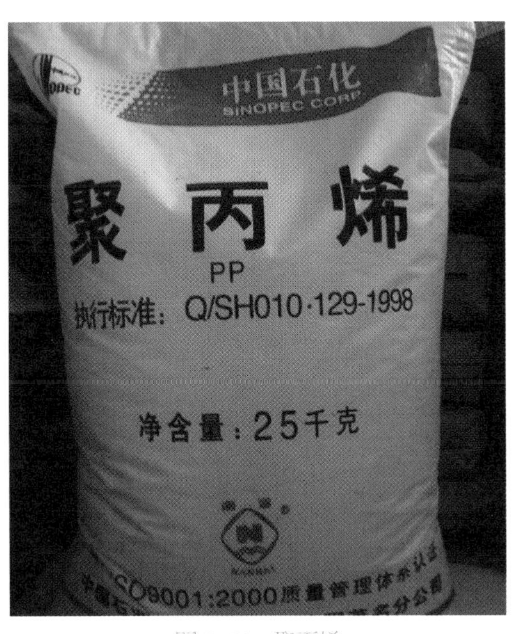

图 5-23　聚丙烯

图 5-24　聚氯乙烯防水卷材

图 5-25　聚酰胺合成纤维纸

小/贴/士

塑料家具与其他材料家具相比的优势

1. 色彩绚丽，线条流畅

塑料家具色彩鲜艳亮丽，除了常见的白色外，各种各样的颜色都有，而且还有透明的家具，其鲜明的视觉效果给人们带来了视觉上的舒适感受。同时，由于塑料家具都是由模具加工成型的，所以具有线条流畅的显著特点，每一个圆角、每一个弧线、每一个网格和接口处都自然流畅、毫无手工的痕迹。

2. 造型多样，形态优美

塑料具有易加工的特点，所以使得这类家具的造型具有更多的随意性。随意的造型表达出设计者极具个性化的设计思路，通过一般的家具难以达到的造型来体现一种随意的美。

3. 轻便小巧，拿取方便

与普通的家具相比，塑料家具给人的感觉就是轻便，不需要花费很大的力气，就可以轻易地搬动。而且即使是内部有金属支架的塑料家具，其支架一般也是空心的。另外，许多塑料家具都有可以折叠的功能，所以既节省空间，使用起来又比较方便。

4. 品种多样，适用面广

塑料家具既适用于公共场所，也可以用于一般家庭。在公共场所，出现最多的就是各种各样的椅子，而适用于家庭的品种则不计其数，如餐台、餐椅、储物柜、衣架、鞋架、花架等。

5. 便于清洁，易于保护

塑料家具脏了，可以直接用水清洗，简单方便。另外，塑料家具也比较容易保护，对室内温度、湿度的要求相对比较低，适用于各种环境。

第二节 制造家具所用工具

一、测量工具

1. 钢卷尺

钢卷尺由薄钢片组成，装置于钢制或塑料制成的圆盒中（图 5-26、图 5-27）。钢卷尺的长度规格有 1m、2m、3.5m、5m 等，使用时尺头勾住工件的端头，并用左手拇指按住，右手拉住尺盒平贴工件量度。它携带方便，使用灵活。

图 5-26　钢卷尺

图 5-27　钢卷尺尺头

2. 角尺

角尺有两种类型，木质和钢制。一般尺柄长 150mm ～ 200mm，尺翼长 200mm ～ 600mm，柄翼互成垂直角，用于画垂直线、平行线，卡方（检查垂直面）及检查平面（图 5-28、图 5-29）。古时候人们把角尺和圆规称作规矩，俗语“没有规矩，不成方圆”就是这样来的。

角尺的直角精度一定要保护好，不得乱扔或者丢弃，更不能随意拿角尺敲打物件，造成尺柄和尺翼结合处松动，使角尺的垂直度发生变化而不能使用。

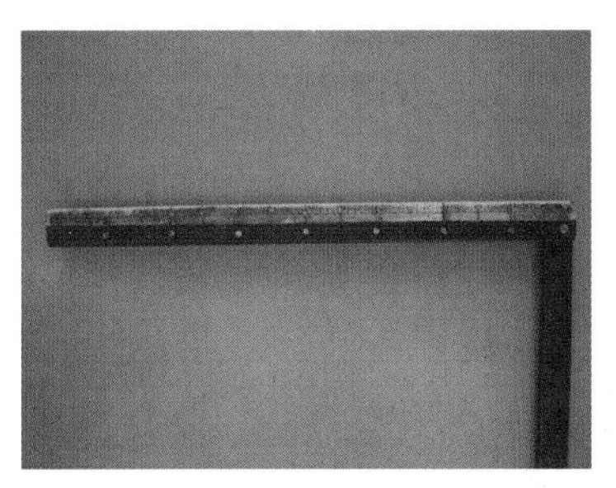

图 5-28　木制角尺

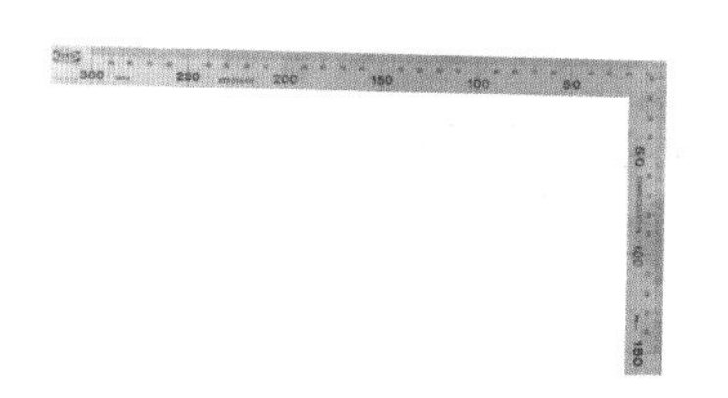

图 5-29　钢制角尺

3. 活络角尺

活络角尺可任意调整角度，用于画线，卡木方等（图 5-30），尺翼长一般为 300mm。

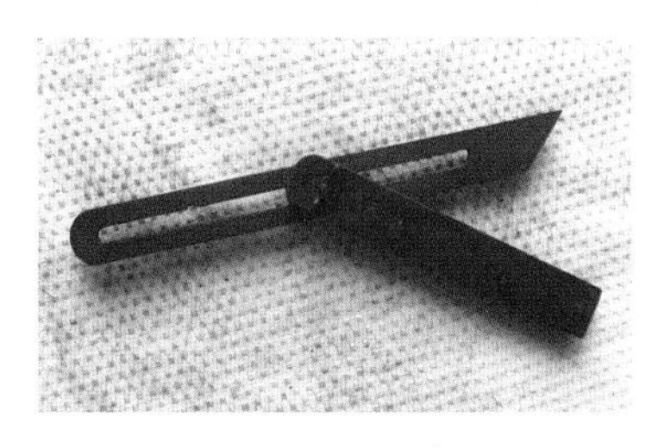

图 5-30　活络角尺

4. 三角尺

尺的宽度均为 150mm ～ 200mm，尺柄尺翼的夹角为 90°，用不易变形的木材料、竹、钢制成（图 5-31），使用时，将尺柄贴紧物面棱，可画出 45° 及垂直线。

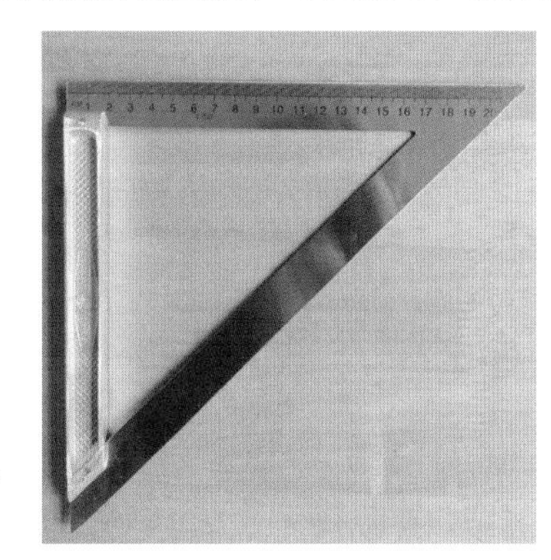

图 5-31　三角尺

5. 线锤

线锤是用金属制成的正圆锥体（图 5-32）。其上端中央设有带孔螺栓盖，可系上一根细绳，用于校验物面是否垂直。使用时，手持绳的上端，锤尖向下自由下垂，待其静止后，视线随绳线与所测物体边重合，即表示物面为垂直。

图 5-32　线锥

6. 平水尺

平水尺是用铁或铝合金制成，尺的中部及端部各装有水准管（图 5-33）。当水准管内气泡居中时即呈水平，用于检验物面的水平度和垂直度及 45°。其长度一般有 400mm、600mm、800mm、

1000mm 等，使用前要将水平尺调准。

图 5-33　平水尺

7. 游标卡尺

游标卡尺是一种测量长度、内外径、深度的量具（图 5-34）。游标卡尺由主尺和附在主尺上能滑动的游标两部分构成，主尺刻度每 1mm 为一格，而游标上则有 10、20 或 50 个分格，根据分格的不同，游标卡尺可分为十分度游标卡尺、二十分度游标卡尺、五十分度格游标卡尺等，游标为 10 分度的有 9mm，20 分度的有 19mm，50 分度的有 49mm。游标卡尺的主尺和游标上有两副活动量爪，分别是内测量爪和外测量爪，内测量爪通常用来测量内径，外测量爪通常用来测量长度和外径。其主要用来测量工件的直径、宽度、厚度、长度、槽深。

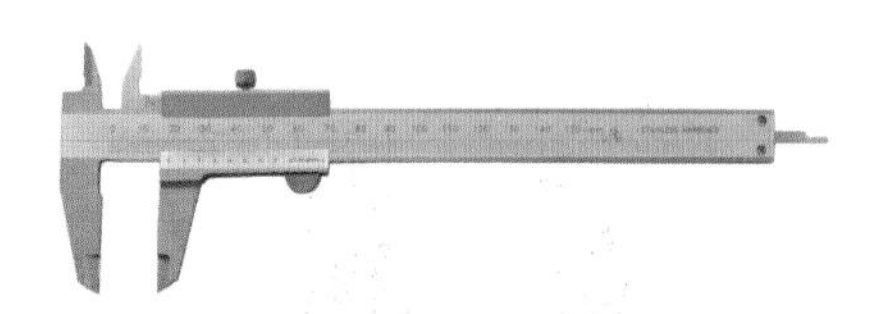

图 5-34　游标卡尺

二、画线工具

画线工具比较基础，一般用到的有铅笔、尖锥、勒线器、墨斗（图 5-35）。

1. 铅笔

画线工具中最常用的就是铅笔，还有竹笔、彩笔等。**为了让所画的线精确，一定要准备削铅笔机**，因为铅笔在木料上磨损很快，要常常削尖铅笔。

2. 尖锥

金属的尖椎也是好的画线工具，线的精细度比铅笔更高，若是要让所画的线更精密，也可以用刀，所以国外也有使用划线刀来刻画记号。**但要注意不要划得太深，不然工作完成后上漆会产生线痕**。

3. 勒线器

勒线器由勒子挡、勒子杆、活楔和小刀片组成。勒子档多用硬木制成，中凿一个孔以穿勒子杆，杆的一端安装小刀片，杆侧用活楔与勒子档楔紧。其主要用来在工件上画平行线。使用时，右手握着勒子档和勒子杆，勒子档紧贴木料的直边，刀片轻轻地贴到木料平面上，用力向后拉画。

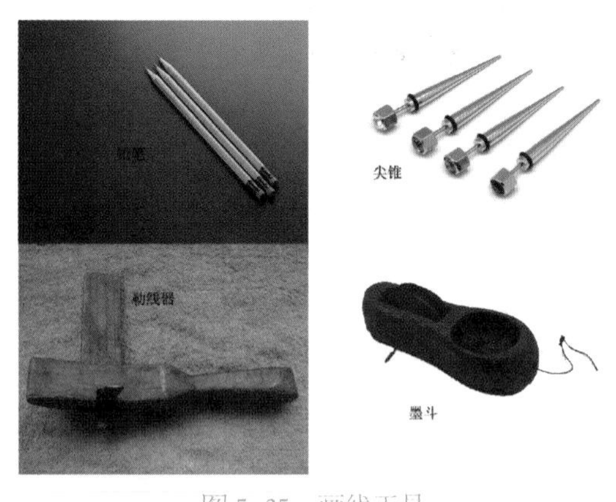

图 5-35　画线工具

4. 墨斗

墨斗多用于木材下料，家具制作的墨斗可做得小一些，从事建筑木结构制作的墨斗可做得大一些。一方面可以用墨斗作圆木锯材的弹线，或调直木板边棱的弹线，还可以用于选材拼版的打号弹线等其他方面。弹线时，将定针固定在画线木板的一端，另一端左手食指压住，然后线绳弹放下，因为线绳上含有墨汁，即会留下墨线条。

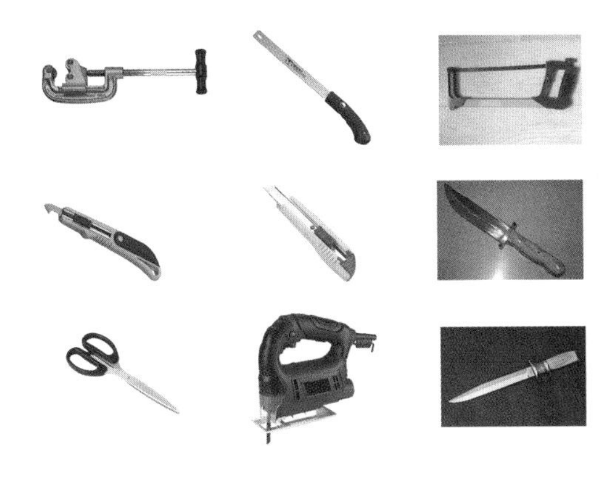
图 5-36　各类切割工具

图 5-37　砂轮机

三、切割工具

切割工具是在完成切割加工时使用的工具。常见的有多用刀、勾刀、剪刀、曲线锯、小钢锯、割圆刀、管子割刀等（图 5-36）。

四、锉削工具

锉削工具是用来完成锉削加工的工具，锉削模型工件表面上的多余边量，使其达到所要求的尺寸。常见的有各种锉刀、砂轮机、砂磨机、修边机等（图 5-37 ～图 5-39）。

五、装卡工具

装卡工具是指能夹紧固定材料和工件以便于进行加工的工具。常见的有台钳、平口钳、C 形钳、手钳、木工台钳（图 5-40）。

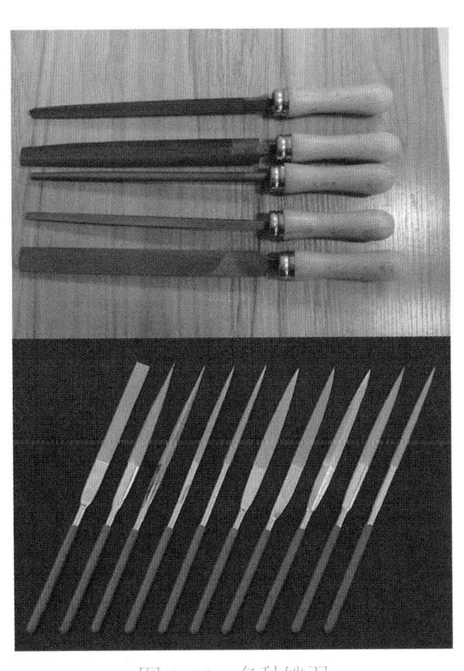
图 5-38　各种锉刀

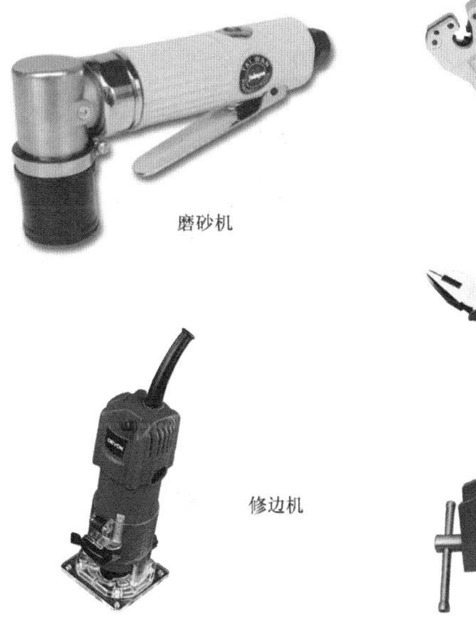

图 5-39　锉削工具

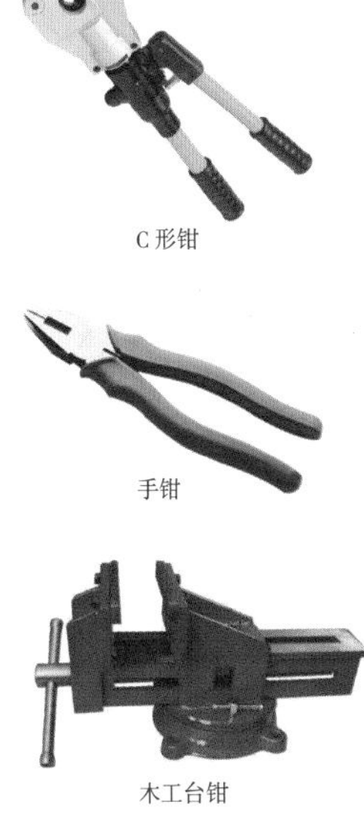

图 5-40　装卡工具

电钻　　台钻　　各种钻头

图 5-41　钻孔工具

六、钻孔工具

在材料和工件上加工圆孔的工具称为钻孔工具。常见的有电钻、微型台钻、小型台钻以及各种钻头（图 5-41）。

七、冲击工具

利用重力产生冲击力的工具称为冲击工具。常见的有斧头、手锤、木槌、橡皮锤等（图 5-42）。

八、鉴凿工具

鉴凿工具是利用人力冲击金属刃口对金属与非金属进行鉴凿的工具。常见的有金工凿、木工凿、木刻雕刀等（图 5-43）。

九、装配工具

用于紧固或者松卸螺栓的工具称为装配工具。常见的有螺丝刀、钢丝钳、扳手等（图 5-44）。

十、加热工具

产生热能用于加工的工具称为加热工具。常见的有吹风机、电烙铁、烘筒（图 5-45、图 5-46）。

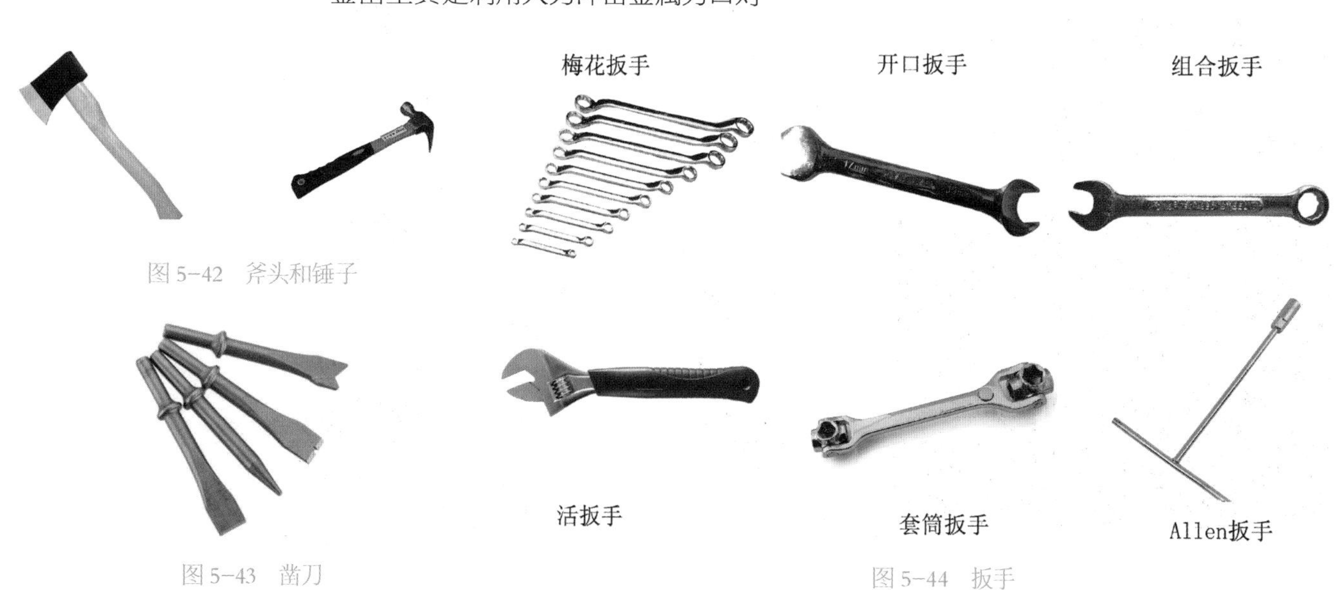

图 5-42　斧头和锤子

图 5-43　凿刀

图 5-44　扳手

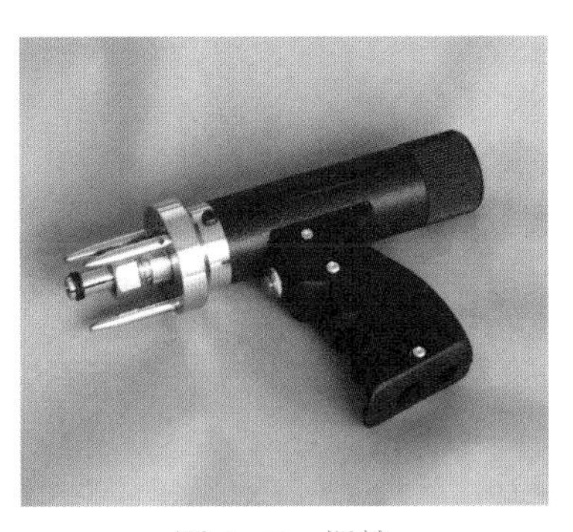

图 5-45　焊枪

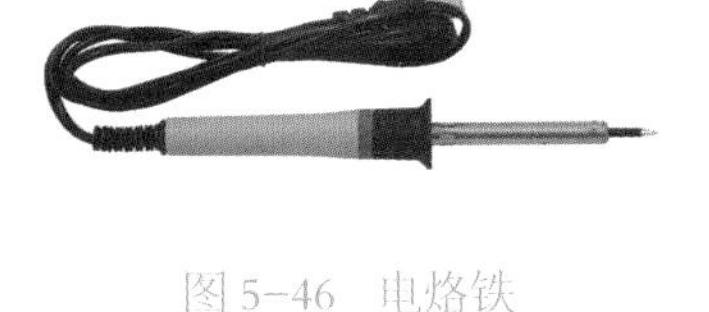

图 5-46　电烙铁

第三节
家具制造方法

一、木材家具

1. 木制家具的接合

（1）榫接合

榫接合是一种在生活中应用广泛的接合方式，构造简单，结构外露，便于检查。根据木材干缩湿胀的特点，依靠榫头四壁与榫孔相吻合的方法进行接合，木材的凿削加工都是用来完成满足装配条件的结构件。**装配时，注意清理榫孔内的残存木渣，榫头和榫孔四壁涂胶层要薄而均匀，装榫头时不能用力太大，避免将榫眼挤破。**

榫接合是木质家具制作中特有的连接形式，榫头的种类很多，就其外形来说，有燕尾榫、直角榫、圆榫（图 5-47 ～图 5-49）；根据榫头的数量分为单榫、双榫、多榫；根据榫的接合类型分为明榫和暗榫；根据能否看到榫头来分，分为开口榫、闭口榫和半开口榫。

榫头的长度是根据接合形式来决定的，当采用明榫接合时，榫头的长度等于被接合方式宽度或者厚度；圆榫的长度应为榫头直径的 5.5 ～ 6.5 倍；燕尾榫长度一般在 15 ～ 20mm 之间，榫头顶端大于榫头根部，榫头与榫肩的夹角为 80°，榫头倾斜角不超过 10°，榫头厚度根据木材的断面处来决定，榫孔的形状大小根据榫头的形状大小来决定。

图 5-47　燕尾榫

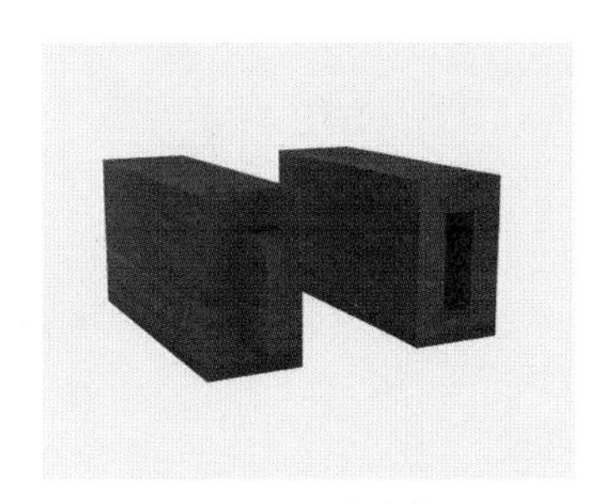

图 5-48　直角榫

图 5-49　圆榫

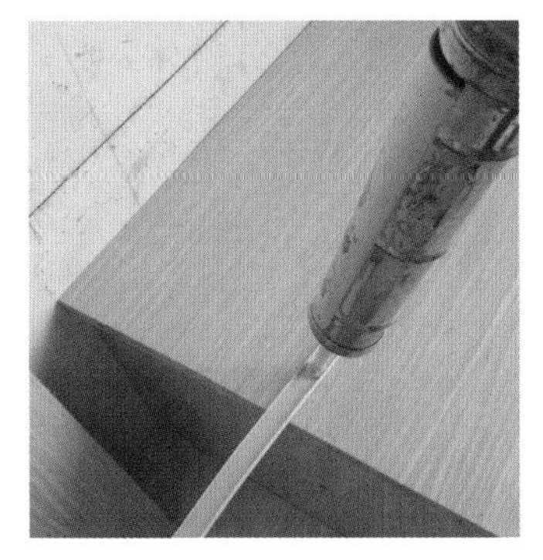

图 5-50　涂胶

（2）胶黏结

胶黏结主要应用于实木板的拼接及榫头和榫孔的胶合，制作方便，结构牢固。装配使用黏结剂的时候，要按照操作步骤来，木材的种类、所要求的黏结性能均应符合要求（图5-50）。常用的胶粘剂的种类很多，最常用的是白乳胶，其优点是使用方便，具有良好的安全操作性能，不易燃，无腐蚀性，对人体无刺激作用。

2. 木材的加工方法

木制家具制作的过程中，需要采用多种方法，包括锯割、刨削、凿削、钻削等。

（1）锯割加工

木材的锯割加工要求对尺寸较大的原木、板材、方材沿纵向、横向或者任一曲线进行开锯、分解、开榫、下料时都要锯割加工（图5-51）。

（2）刨削加工

木材经过割据后，表面一般较为粗糙，因此必须进行刨削加工，**经刨削后，木材表面平整光洁**（图5-52）。

（3）凿削加工

榫卯的凿削加工是木制品成型加工的基本操作之一（图5-53）。

（4）钻削加工

钻削是加工圆孔的主要方法（图5-54）。

图5-51　锯割

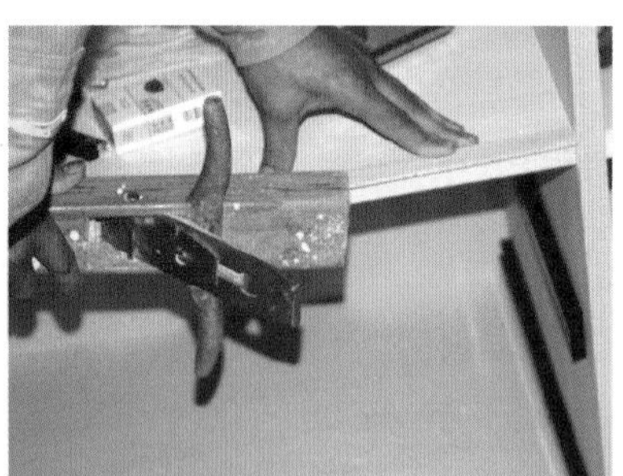
图5-52　刨削

图5-53　凿削

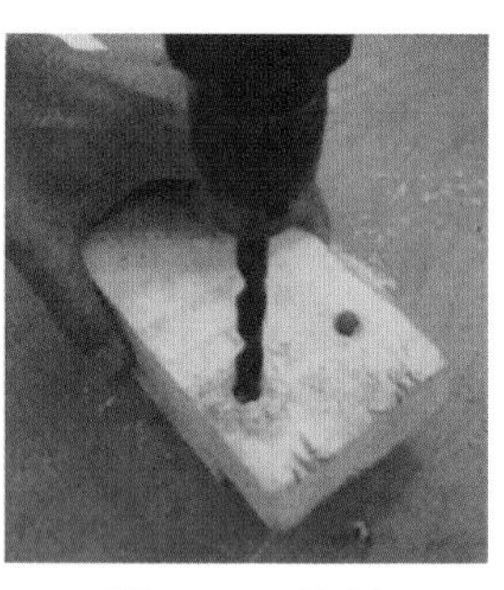
图5-54　钻削

小/贴/士

连接件的合理使用

1. 结构设计中的考虑

办公家具中一些经常使用、受力作用较大的电脑桌、文件柜等尽量采用螺母配螺杆的强力连接。打破连接件的常规使用方法，不要只考虑美观问题而忽视了使用中的质量问题，如有必要，在图纸上标明偏心孔或者烟斗螺丝孔至边缘的尺寸距离允许公差范围、预埋塑料螺母孔的直径公差等。

2. 生产加工方面

制造中应严格控制、配合公差，比如以前工厂制造过程中经常出现的问题是图纸没有配合公差尺寸，加工中对设备、刀具使用没有严格控制。比如排钻钻头常在台钻上使用会造成钻头坑洼、钻头弯曲等现象。在台钻上使用时，钻头的摆动会使孔直径增大，有的预埋件用手就可以直接按入。

小贴士

3. 原材料采购方面

工厂采购的连接件控制不严，比如连接杆长短不一、有的塑料预埋件外径误差太大、塑料质量问题等。

二、金属家具

1. 金属材料的接合方式

（1）焊接合

焊接合是目前金属骨架构件结合的主要方法之一，焊接加工是充分利用金属材料在高温作用下融化的特性，使金属与金属发生相互连接的一种工艺，是金属加工的一种辅助手段（图 5-55）。

图 5-55　电焊工作现场

（2）螺栓接合

螺栓接合是家具中应用最多的接合方式之一（图 5-56），按接合件特征可分为螺钉、螺母接合和管螺纹接合两种。

图 5-56　钢结构用螺栓接合

（3）铆接合

铆接合是运用铆钉进行的接合，常用于接合强度要求不太高的金属薄板接合（图 5-57），铆钉除了用于两个或者多个零件间的固定接合外，还用于活动连接部位，将铆钉作为活动连接部位的铰轴。

（4）插接合

插接合是通过接头将两个或者多个零件连接在一起，插接头与零件间常常采用过盈配合，有时也有在零件的侧向用螺钉或轴销锁住插头以提高插接强度（图 5-58）。

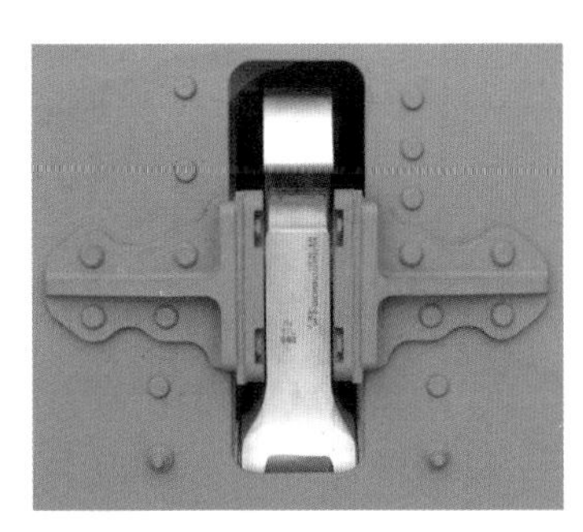

图 5-57　铆接

图 5-58　插接工艺

2. 金属家具的成型方式

（1）铸造

铸造是将熔融态金属浇入铸型后，冷却凝固成为一定形状铸件的加工工艺。铸造是生产金属零件坯的主要工艺之一，与其他工艺相比，铸造成型的生产成本低，工艺灵活性大，适应性强，适合生产不同材料、形状和重量的铸件，并适合于批量生产。但它也有一些缺点，如公差大、容易产生内部缺陷，这些缺陷是无法避免的。其中常用的砂型铸造的适应性强，几乎不受铸件形状、尺寸、重量及所用的金属种类的限制，工艺设备简单，成本低，被广泛使用。其工艺流程如下图（图 5–59）。

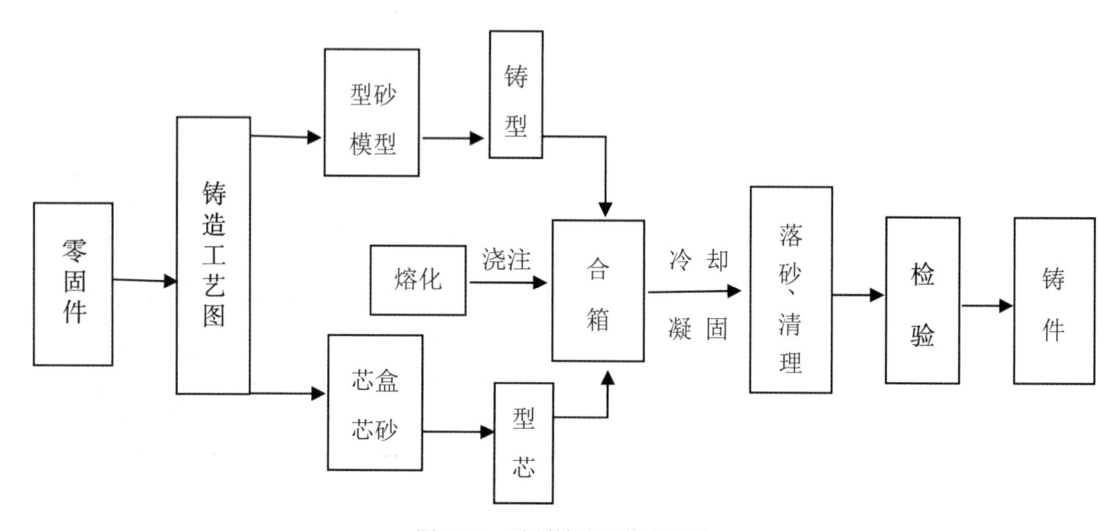

图 5-59　砂型铸造工艺流程图

（2）塑性加工

塑性加工是在外力的作用下金属材料通过塑性变形，获得具有一定的形状、尺寸和力学性能的零件或者毛坯的加工方法。金属加工时产品可直接制取，无切削，金属损耗小。不仅原材料消耗少，生产效率高，产品质量稳定，而且还能有效地改善金属的组织性能。这些技术上和经济上的独到之处和优势，使它成为金属加工中极其重要的手段之一。

（3）切削加工

切削加工又被称为冷加工，利用刀具在切削机床上将金属工件的多余加工量切去，以达到规定的形状、尺寸和表面质量的工艺。按加工方式分为车削、刨削、磨削、钻削等（图 5–60）。

（4）焊接加工

焊接加工是充分利用金属材料在高温下易熔化的特点，使金属与金属相互连接的一种工艺，是金属加工的一种辅助手段（图 5–61）。金属的焊接性能是指金属是否适应焊接而形成能够完整的具有一定使用性能的焊接接头特性。金属焊接性的好坏取决于金属材料本身的化学成分和焊接方法，材料化学成分是影响材料焊接性能的最基本因素。

材料化学成分含量不同，其焊接性能也不同。如碳钢的含碳量越高，焊接接头的淬硬倾向越大，就易于产生裂纹，表明碳钢焊接性能随着含碳量的增加而变差。通常，低碳钢有良好的焊接性能，高碳钢、高合金钢、铸铁和铝合金的焊接性能较差，

图 5-60　金属切割

图 5-61　金属焊接

中碳钢则介于两者之间。

（5）粉末冶金

粉末冶金是以金属粉末或者金属化合物粉末为原料，经过成形和烧结制造材料或制品的工艺方法（图 5-62）。

其主要工序为：制取粉末原料→将粉末原料加工成所需形状的坯料→烧结坯料，获得性能。

常用的金属粉末有铁、铜、钴、钨、镍、钛等粉末；合金粉末有钛合金、镍铜合金、高温合金、低合金钢和不锈钢等。

三、塑料家具

1. 塑料家具的接合方式

（1）胶接合

胶接合是用聚氨酯、环氧树脂等高强度胶粘剂涂于接合面上，将两个零件胶合在一起的方法。

（2）螺纹接合

螺纹接合是塑料家具中常用的接合方法。**通常在塑料零件上直接加工出螺纹的接合结构，**通过不同类型的金属螺钉直接进行接合，实现紧固接合。

（3）卡式接合

将带有倒刺的零件沿箭头方向压入另一个零件，借助塑料的弹性倒刺滑入凹口，完成连接（图 5-63）。金属管插入塑料零件的预留孔内，孔之间采用过盈配合，以便获得较大的握紧力。

2. 塑料家具的成型方法

（1）注射成型

塑料注射成型是将粒状或粉状的塑料加入注射机料筒，塑料在热作用和机械剪切作用下塑化成具有良好流动性的熔体，随后在柱塞或螺杆的推动下熔体快速进入温度较低的模具内冷却、固化而得到塑料

图 5-62　粉末冶金齿轮

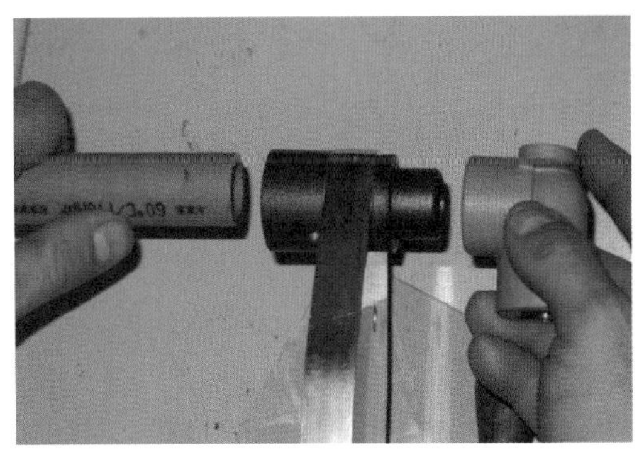

图 5-63　卡式接合

图 5-64　注射成型

图 5-65　注射成型机

图 5-66　挤出成型机

制品（图 5-64、图 5-65）。注射模具是注射成型的关键性工装设备，模具设计的优劣直接影响制件的质量和生产效率。**注射成型是塑料家具制造的主要成型方法之一。**

（2）挤出成型

挤出成型是指物料通过挤出机料筒和螺杆间的作用，边受热塑化，边被螺杆向前推送，连续通过机头而制成各种截面制品或半成品的一种加工方法（图 5-66、图 5-67）。挤出成型制出的物品种类很多，挤出成型过程虽有一些差异，但基本过程相同。

图 5-67　挤出成型家具

（3）滚塑成型

将粉状或者单体物料注入模具内，通过对模具的加热和双轴滚动旋转使物料借自身重力作用均匀地布满模具内腔并且熔融，待冷却后脱模而得到中空制品（图 5-68、图 5-69）。

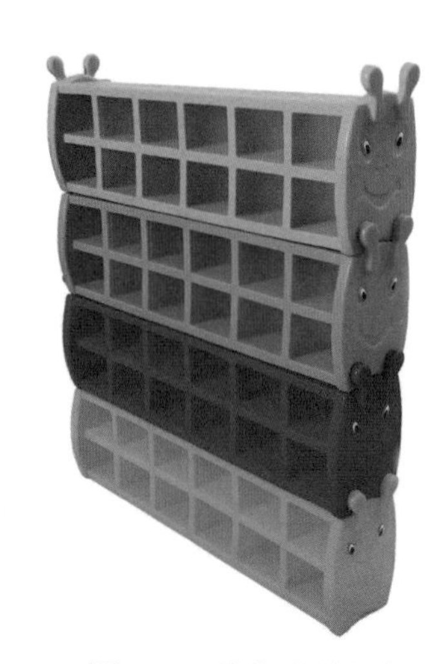

图 5-68　滚塑成型(一)

（4）压延成型

利用一对或数对相对旋转的加热滚筒，将热塑性塑料塑化并延展成一定厚度和宽度的薄型材料，多用于生产家具中的软材料。

图 5-69　滚塑成型(二)

四、玻璃家具

玻璃制成的成品种类较多，成型工艺因其种类而异，但其过程基本可分为配料、熔化和成型三个阶段。一般采用连续性的工艺过程，大多数玻璃都是由矿物原料和化工原料经高温熔融，然后急剧冷却而形成的，如图 5-70。家具产品中，玻璃使用形态以平板玻璃为主，玻璃家具成型方法有以下几种。

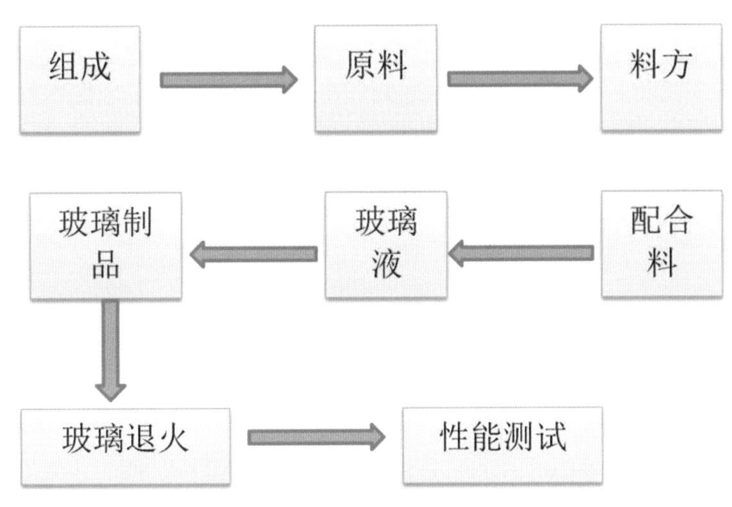

图 5-70　玻璃家具制成过程

（1）玻璃热弯

玻璃热弯是指平板玻璃在 500℃左右开始软化时，用模具轻轻按压即达到需要的变形效果。不同工厂及设备的热弯工艺过程不一致，热弯的平板玻璃应先进行磨边或者喷砂处理。

（2）玻璃钢化

玻璃钢化是指玻璃在 900℃左右开始急剧降温的处理。钢化玻璃破碎后没有尖角，同时玻璃耐温性提高到 300℃，其强度也大约提高 10 倍。

（3）玻璃黏结

玻璃能和各种材料黏结，包括金属。玻璃黏结采用 UV 胶水，经紫外线照射、固化后玻璃可耐 200kg 以上的拉力。

（4）玻璃切割

平板玻璃采用玻璃刀、高速水进行切割，经切割后玻璃各边可进行磨边处理，如磨直边、斜边、圆边，还可钻孔等，平板玻璃表面也可进行磨砂、喷漆、雕刻处理等（图 5-71）。

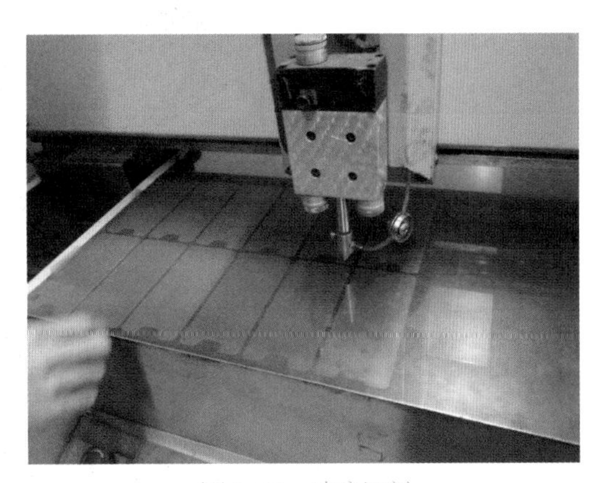

图 5-71　玻璃切割

第四节
案例分析

一、木质椅子

木质的椅子没有复杂的装饰，原木色彰显亲近自然的气质。从正面看，椅子的对称性表现出来，简洁大方。黑色橡木材料椅子，搭配浅红色靠背，具有戏剧性效果（图 5-72 ～图 5-74）。

图 5-72　木质椅子（一）

图 5-73　木质椅子（二）

图 5-74　木质椅子（三）

二、复古铁床

复古铁床的灵感来自于欧洲铁艺经典手绘，仿佛置身于古老的宫廷，铁艺与古典的完美结合，构成现代特有的复古风潮。欧洲复古风线条，细节处理圆润光滑，古典大气。欧式床柱造型优美大方，顶端的车圆工艺，更体现对人的贴心关怀。四角采用套管加固，内置螺丝加固，不摇晃，无异响，确保稳固、耐用。特别研发的螺丝子母套，用于固定床身，使床耐用且不摇晃，拆卸或安装时不变形（图 5-75 ～图 5-77）。

图 5-75　复古铁床（一）

图 5-76　复古铁床（二）

图 5-77　复古铁床（三）

本／章／小／结

本章分节介绍了制造家具选用的材料、制造家具所用工具和家具的制造方法。在家具的制作过程中，材料和工具是不可缺少的组成部分，而制作方法在一定程度上决定了家具完成的最终效果。因此，在学习过程中，应该掌握好各种材料和工具的特性，了解不同类型家具的制作流程，在日后的设计中，根据具体的要求，选择最合适的材料、工具以及施工工艺。

思考与练习

1. 木材有什么性质？木制家具接合有什么方法？

2. 家具常用的木材有哪些？

3. 塑料家具有什么不同的特点？

4. 说说你在哪些场合可以看到金属材料的接合。

5. 挤压成型家具对生活有什么影响？

第六章

家具设计案例

学习难度：★★☆☆☆

重点概念：工艺　创意　材质

章节导读

当今家具产品层出不穷，其中有很多工艺精湛的产品，欣赏家具产品是学习家具设计的最好方法。观赏时，主要关注家具的生产工艺，尤其是局部细节的工艺水平，这些能反映出厂商的设计加工水平，影响家具定价。此外，还要注意家具的创新程度，中低端家具仅仅满足实用功能，而高端家具的卖点则80%集中在具有创新意识的设计形式上，既要呈现创新观念，又要满足大众审美，这是现代家具设计的发展趋势。

第一节 中式古典红木家具

拉伸木工工艺，木筋突出，板子有凹凸不平的花纹，木纹明显，木质稳定，极具沧桑感，与古典家具厚重、大气的风格相吻合。镂空雕花，细致精美，古色古香，精致的雕刻流露出古典民族气息，清晰细腻，工艺精巧细致，具有收藏价值。厚实框架采用实木打造，木质坚韧，木纹清晰，木材经过干燥处理，耐磨耐腐，稳固不摇晃。使用传统榫卯结构配以砌墙打胶水加以固定，更加牢固。茶几储物功能十分强大，布局合理（图6-1～图6-6）。

图 6-1　红木家具（一）

图 6-2　红木家具（二）

图 6-3　红木家具（三）

图 6-4　红木家具（四）

图 6-5　红木家具（五）

图 6-6　红木家具（六）

第二节
组　合　床

宽大的床头靠背，填充高密度海绵，贴合身体，有利于缓解脊椎和腰部的疲劳，格子饱满富有弹性，靠上去很舒服，格子间的缝隙能给背部通风散热。床边配上大容量的抽屉，抽屉与床边床垫齐平，不占地方，又增大了储物空间，高精度的滑动导轨采用优质金属材料。皮床配上气动储物，储物箱堪比一个双门衣柜的大小，再多物品也不用担心没有地方存放。床尾工整的车线，产品柔和的色调，营造安详、愉悦的氛围（图 6-7 ～图 6-10）。

图 6-7　组合床(一)

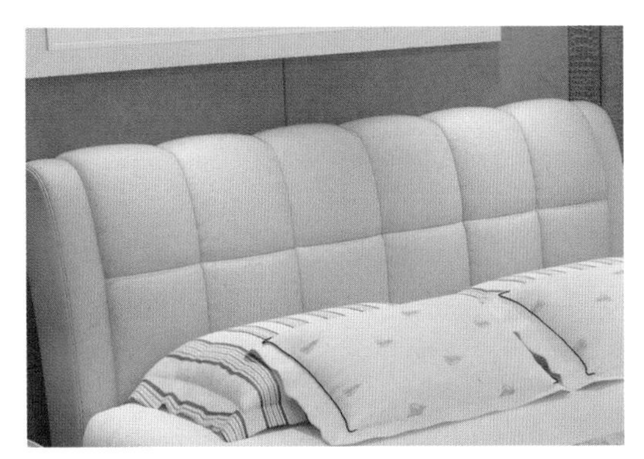
图 6-8　组合床(二)

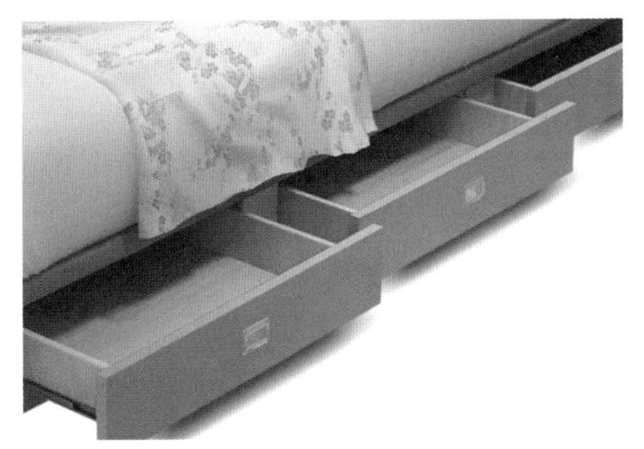
图 6-9　组合床(三)

图 6-10　组合床(四)

第三节
创意茶几

架身采用加厚铁制造，结构坚固不变形，不生锈且承重力强。透明玻璃桌面，台面由钢化玻璃制作，加厚升级，坚固耐用、强度高、防刮花、耐高温、更安全。桌角双面打磨处理，让边缘光滑细腻，确保不碰伤家人，给人一个安全放心的生活环境（图 6-11 ～图 6-13）。

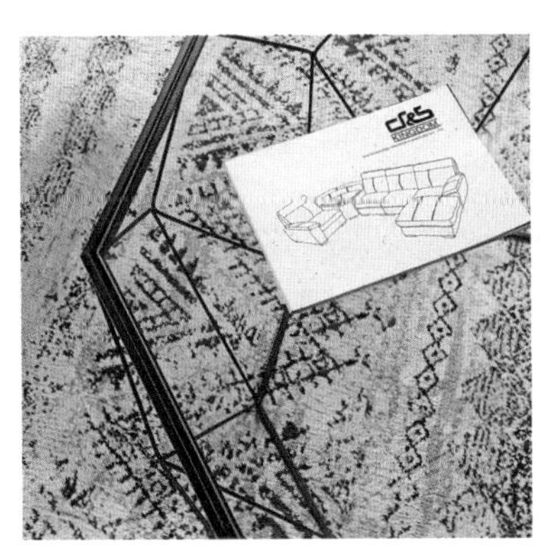
图 6-11　创意茶几(一)

图 6-12　创意茶几(二)

图 6-13　创意茶几（三）

第四节
沙　　发

酒红色色调的沙发，靠背采用加厚实木框架加弹簧条结构，保证坐感舒适的同时让沙发更耐用，久坐不变形。沙发的扶手设计没有零乱的线条，没有复杂的装饰，简洁的线条让人放松。坐垫皮质柔软饱满，富有弹性，透气性好，亲肤舒适。扶手外侧木纹装饰，与酒红色皮质沙发相互呼应，搭配经典。不锈钢沙发脚承重力强，做工精细，牢固耐用，色泽与沙发完美衬托，低调中彰显不凡（图 6-14 ～图 6-19）。

图 6-14　沙发（一）

图 6-15　沙发（二）

图 6-16　沙发（三）

图 6-17　沙发（四）

图 6-18　沙发（五）

图 6-19　沙发（六）

第五节
户外摇椅

摇椅使用纯实木打造，表面打磨光滑，没有倒刺，厚实的座椅坚固性强。摇椅采用进口不锈钢材拉环，经过特殊工艺处理，使其更加耐用且不易发生霉锈现象。优质的五金配件承重力更强，确保人坐在摇椅上的安全性（图 6-20 ～图 6-24）。

图 6-20　户外摇椅（一）

图 6-21　户外摇椅（二）

图 6-22　户外摇椅（三）

图 6-23　户外摇椅（四）

图 6-24　户外摇椅（五）

本/章/小/结

本章列举了五种家居陈设中常见的家具形式，分别为古典红木家具、组合床、创意茶几、沙发和户外摇椅。在设计中，要学会利用材质和造型的优势，结合实际功能的要求，利用合适的工艺，制造出集美观与实用性于一体的产品。

参考文献

References

[1] 钱芳兵，刘媛 . 家具设计 [M]. 北京：中国水利水电出版社，2012.

[2] 李军，熊先青 . 木制家具制造学 [M]. 北京：中国轻工业出版社，2011.

[3] 尹定邦 . 设计学概论 [M]. 长沙：湖南科学技术出版社，2009.

[4] 梁启凡 . 家具设计学 [M]. 北京：中国轻工业出版社，2000.

[5] 徐望霓 . 家具设计基础 [M]. 上海：上海人民美术出版社，2008.

[6] 江湘芸 . 产品模型制作 [M]. 北京：北京理工大学出版社，2011.

[7] 张力 . 室内家具设计 [M]. 北京：中国传媒大学出版社，2010.

[8] 孙详明，史意勤 . 家具创意设计 [M]. 北京：化学工业出版社，2010.

[9] 刘怀敏 . 人机工程应用与实训 [M]. 北京：东方出版社，2008.

[10] 主云龙 . 家具设计 [M]. 北京：人民邮电出版社，2015.

[11] 许柏鸣 . 家具设计 [M]. 北京：中国轻工业出版社，2009.

[12] 杨中强 . 家具设计 [M]. 北京：机械工业出版社，2009.